JN014133

People Cities

The Life and Legacy of Jan Gehl

人間の街をめざして
ヤン・ゲールの軌跡

Annie Matan & Peter Newman
アニー・マタン、ピーター・ニューマン 著
北原理雄 訳

鹿島出版会

PEOPLE CITIES: The Life and Legacy of Jan Gehl
Annie Matan and Peter Newman
Copyright ©2016 Annie Matan and Peter Newman
Japanese translation rights arranged with the authors
through Tuttle-Mori Agency, Inc., Tokyo

目次

序文

エンリケ・ペニャロサ
コロンビア ボゴタ市長（1998〜2001、2015 〜 2019）

1998年にボゴタの市長になったとき、私は歩道から自動車を一掃し、数百キロに及ぶ自転車専用路網をつくりだすことに心血を注いだ。それはひどく困難な仕事だった。自動車は、何十年ものあいだ歩道に、あるいは歩道であるべきはずの場所に、駐車しつづけていた。街角から次の街角まで車椅子で移動できる歩道が、市内には一街区もなかった。

自転車専用路について語ることはさらに困難だった。その当時、南米にも北米にも大規模な自転車専用路を備えた都市はひとつもなく、パリやマドリードのようなヨーロッパの都市でさえそのようなものを持っていなかった。

しかし、もちろんオランダの都市やコペンハーゲンのことは知っていた。私たちは、オランダのNGOの助けを借りて、誰にとっても安全な都市環境をボゴタに実現するプロジェクトに着手した。機会ができるとすぐに、私は、自転車と歩行者のための基盤施設をこの目で確かめるためにコペンハーゲンを訪問した。

コペンハーゲンに着いて、私は何人かの都市計画家に「都市計画の本で、歩行者空間と自転車に重点を置いたものはないか？」「どの都市計画家に会ったらよいか？」と尋ねた。彼らは、ヤン・ゲールと彼の著書『建物のあいだのアクティビティ』を薦めてくれた。

私は同書に魅了された。いまや私の直観と夢はしっかりした裏づけを持つようになった。そして、奇跡のようなことが起こった。ヤンのお嬢さんがあるNGOで活動するためにボゴタに移住したのである。その結果、ヤンが一度だけでなく数回にわたってボゴタを訪れることになった。私たちは、建設されたばかりの自転車専用路網や緑道に彼を案内し、数回の説明会を開いた。

ヤンは、都市の問題を離れても、誰にとっても素晴らしい人間であり、偉大なユーモアの感覚を持っており、さらには友人たちと結成している楽団でトロンボーンを演奏する愉快な音楽家でもある。人間味あふれる都市をつくろうとする彼の取り組みが、人生を豊かに楽しむ彼のこうした生き方に根ざしていることは明らかである。とりわけ彼は、より幸せな都市、より楽しく暮らすことのできる場所をつくりたいと望んでいる。

ヤンと私は親友になった。私たちはさまざまな場所で会い、私は彼の信条を世界中に広める伝道者の一人になった。

ヤンは、直接の助言者の仕事にとどまらず、世界中の何百もの都市がより人間味豊かで幸せな都市を目指す動きに影響を与えた。私は、彼に出会い、彼から学び、彼の人間性を満喫できたことを感謝している。

2003年11月にボゴタの新しい自転車基盤施設を試すヤン・ゲールとエンリケ・ペニャロサ。ヤンが膝を痛めているので、気の利く主催者が自転車タクシーを用意してくれた（訳者贅言：ヤンによればこの写真は「演出」で、実際は膝を曲げるのも困難だったそうである）

まえがき

アニー・マタン

アニーの物語

私は米国で6年間学び働いた後、2007年にパースに戻ってきた。当時、私は歩きやすさと都市デザインに関する研究、特に人びとが構築環境とどのようにかかわりを持ち、なぜ私たちが人びとに好まれない場所をつくりつづけているのかというテーマを継続したいと強く考えていた。私は、研究を通じてヤン・ゲールの業績を知っており、西オーストラリア州フリーマントル中心部でヤン・ゲール式の公共空間／公共アクティビティ調査を実施していた。この研究は、取り組みをさらに進めたいという私の欲求をかき立てた。幸運なことに、この研究がヤンの目にとまり、2008年初頭に彼がパースを訪問したとき、ピーター・ニューマンが私をヤンに紹介してくれた。ヤンは、ビアギッテ・スヴァアが公共アクティビティ研究の方法論を本にまとめており、助手を雇うことができると言ってくれた。

それを知らされるより前に、私はコペンハーゲン行きの飛行機に乗り、そこで3か月間、ヤンやビアギッテ、そしてゲール事務所の他の人たちといっしょに仕事をした。私は市内に住んだが、そこでは都市計画のなかで公共空間と人びとの空間享受が第一に考えられていた。それは私の人生を変える経験だった。

パースに戻り、空港から自宅に帰る途中、私は何もかもがひどく速く動いているように感じた。そして、この3か月間、自動車に乗っていなかったことに気づいた。世界が私の傍らを疾走していた。2008年の私は、コペンハーゲン滞在中もパースに戻ってからも、ヤン、アン・モディン、そしてゲール事務所のチームといっしょに第2次公共空間／公共アクティビティ調査の準備に取り組んでいた。この調査は、15年前に実施された第1次調査を引き継ぐものだった。私は調査の計画を立て、次いでパース市、計画地域基盤整備省、カーティン大学（とマードック大学）が共同で実施する調査の調整助手を務めた。街路の使われ方を長時間観察するのは、とても勉強になる経験である。ヤンの洞察を直接観察することも大いに勉強になる。

調査は2009年に開始され、パースに戻ってきたヤンは、報道陣の加熱した取材と多くの大規模行事に追われることになったが、そのすべてに品格ある良質なユーモアで対処した。この作業は、私たちの街におけるその後10年の変化を先導するものになった。現在の街は、街路アクティビティの点でまったく異なる場所になっている。10年あるいは20年前の中心街を知っている人は、誰もがパースの都心が見違えるほど素晴らしい場所になったことを躊躇なく認めるだろう。しかし、ヤンがこの変革に果たした役割の大きさを知る人はほとんどいない。

本書は、世界各地の都市——パースはそのヨーロッパ以外での初めての例——を人間的なものにするうえでヤンが果たした役割に光を当てている。

ピーター・ニューマン

ピーターの物語

私はパース出身者である。この街は、長いあいだモダニズムの計画規範に忠実に従ってきたが、都市デザインの理論や実践にこれといって貢献したわけではない。しかし、英語圏の世界で最初にヤン・ゲールを招き、中心街の再生に手を貸してくれるように頼んだのはパースである。そこには次のような経緯があった。

私は、1976年にフリーマントル市議会議員に選出された。フリーマントルは、パース大都市圏の歴史的に重要な一部であり、19世紀のビクトリア様式とジョージアン様式の港湾都市建築を最もよく残している街のひとつである。私たちのグループは、建築、街路、さらに歴史ある歩行者中心の街の構造そのものを尊重するという原則を掲げ、市議会の承認を得た。私たちは、こうした未来への道が開けるのを感じていた。なぜなら、開発業者、商業者、経済界の指導者、専門家たちが、これがよりよい選択であると感じはじめたからである。そして、最終的に私たちの主張が通り、実現された。

その道筋は、いまにして思えばモダニズムの都市計画を解体する運動の一環だったわけだが、当時、私たちを導いてくれる専門家はほんのわずかしかいなかった。ヤン・ゲールはその一人だった。

1977年、私は前年にメルボルンで出版されたヤンの小冊子『住宅地における公私領域の接点』を読んだ。それは、オーストラリア郊外のいくつかの街路を調査し、街路と住宅玄関のあいだの半公的領域が持つ重要性を明らかにしたものである。ヤンは、この半公的領域が近隣の交流を促進している様子を観察した。それは、モダニズムがつくりだした郊外住宅地とは好対照をなしていた。後者では住宅と街路の距離が長く、住宅の前にいる人と通行人との関係が希薄であり、住人は自家用車をそのまま車庫に乗り入れ、屋内に姿を消してしまう。また彼は、古い郊外住宅地で防音と小住宅のプライバシー対策として高い煉瓦塀の建設が認められている点を批判していた。フリーマントル市議会もこうした高い塀を許可しようとしていたので、私はヤンの意見に従い、街路沿いの塀を大人がもたれることのできる高さ以下に制限する動議を提出した。この規制案は市議会を通過し、いまも効力を持っている。

ヤンの小冊子を読んで最も感銘を受けたのは、彼が人びとの空間利用を観察し、それに基づいて政策を決定していた点であり、彼が都市に適用しようとしていた原則が基本的に納得できるものだった点である。彼は、古い街の構造を尊重しようとしていた。なぜなら、それが人びとを結びつけ、公正で環境にやさしい空間利用を生みだすことに成功していたからである。私は市議会議員として、そして最終的には持続可能な都市を探求する大学人として、大いに勇気づけられた。

1991年、私はシティビジョンというNGOと協力してパースの改善を考える

1993年のパース班——実地調査のために勢揃いした研究者、市と州の計画担当者、シティビジョン活動家、学生たち

会議を開催するように州政府から依頼を受けた。パースでは、40年にわたってモダニズムに基づくスティーブンソン＝ヘップバーン計画が実施されていたが、まったく機能していなかった。低密度の住宅開発、大きなセットバック、広幅員・大容量の道路によって、都市は劇的に膨張していた。高速道路と幹線道路は大渋滞を起こし、公共交通機関は破綻し、都心部は訪れる人も住む人もわずかで荒廃していた。成功したのは、フリーマントルの再生と鉄道の復活だけだった。私は、両方の成功事例に関与していたので声をかけられ、私たちの都市の未来を考える手助けをしてくれる人たちを世界各地から呼び集めるように依頼された。

ヤンは、私が最初に招いた一人だった。当時、彼はまだ国際的名声を得ていなかったが、彼の小冊子に感銘を受けていた私は手紙を書き、私たちの挑戦について説明した。彼は、会議のためにパースに来ることを承諾した。「都市の挑戦」と銘打って1992年9月に開かれた会議は大成功を収めた。満員の聴衆が、ロバート・サーヴェロ（カリフォルニア大学バークリー校）、アート・エッグルトン（元トロント市長）、バロー・エマーソン（ポートランド）、そして地元のジャネット・ホームズアコートや私の話に熱心に耳を傾けた。しかし、それ以上に彼らはヤンの話に耳を傾けた。彼は、愉快なデンマークなまりの英語で、私たちの街や世界各地の多くの都市が計画とデザインから人間という要素を欠落させたことによって犯した過ちを、ユーモアたっぷりに語ってくれた。また、素晴らしいスライドを使って、コペンハーゲンが私たちと同様にいったんは街を自動車に明け渡したが、いまはそれを奪回するために闘い、少しずつ勝利を収めつつあることを説明してくれた。

聴衆のなかにいた私は、内閣府から派遣されていた私の政策助手ジムの方を見た。私たち二人は、もっと詳細な作業をしてもらうためにヤン・ゲールをパースに招く必要があるという点で意見が一致した。そして、1992年から1993年にかけて、オーストラリアの夏の6週間、ヤンとイングリット夫妻のパース訪問が実現した。私たちは、非常に献身的な学生グループといっしょに、パース中心部で詳細な公共空間／公共アクティビティ調査を行った。

すぐにオーストラリアの他の都市が後につづき、さらにゲール号は世界各地の大都市の求めに応じて駅を離れていった。

右：1993年のパース調査への対応。1993年（上）と2015年（下）のパース文化センター。モダニズムの建物群に人間的尺度を持ち込むことによって、まわりの場所が完全に姿を変えた

State

1

人間の次元

人間の次元

もしヤン・ゲールがいなかったら、私たちは街を救うために彼を発明しなければならなかっただろう。都市という世界の主役は人間である。半世紀のあいだ、ヤンの先見性あふれる活動は、都市の公共空間を自動車交通ではなく人間の場所にすることに貢献してきた。ヤンは類まれな感受性と知性とユーモアを兼ね備え、都市デザインの本質的問題を摘出し、それを克服するのに必要な実践的で都市特性に合わせた解決策を導くことができる。

——ジャネット・サディク＝カーン（ブルームバーグ・アソシエーツ）、
ニューヨーク市交通局長（2007〜2013）、著書『ストリートファイト』

長年、人間味のあるやり方で都市に取り組もうとした人びとは多くいたが、都市形成に対して、また都市デザインの思想改革に対して、ヤン・ゲールほど大きな影響を与えた人物はほかにいない。彼の方法については彼自身によって、彼の影響については他の人びとによって、多くのことが書かれている。しかし、本書が扱うのは一種の内幕話である。都市空間を研究し、人間主体の建築と都市デザインを実現する方法を、ヤンはどのようにして身につけたのだろうか。いわば人間の側の物語である。本書が論じているのは、パースやコペンハーゲンでいっしょに仕事をした者の目から見たヤン・ゲールの業績、理論、人生、影響であり、世界各地の都市で彼と仕事をした人びとの物語である。

ヤンと仕事をして、私たちは、彼が都市の問題を説明するだけでなく、その解決法を提示できることに気づいた。それはきわめて重要なことである。彼は、人間を計画、デザイン、建築の主役に復帰させる手段を与えてくれた。

私たちは、彼の足跡と研究・実践に基づく彼の方法が発展していく様子をたどっていく。それは彼の影響が普及していく物語であり、計画と建築に対するモダニズムの抽象的・観念的な方法が人間重視の方法に変化していく物語である。本書は、計画におけるこの重要な転換を軸に、ヤンの業績の主要な区切りに沿って編集されている。私たちは本書全体を通じて、人間主体の建築と都市計画をめざす動きを発展させ前進させるうえでヤンが果たした役割を明らかにしたい。

第2次世界大戦後、モダニズムの建築原理と自動車の大量侵入によって多くの都市が大きく姿を変えた。彼の研究と戦略は、そうした状況のもとで都市計画と建築の進路を修正し、人間の街を取り戻すのに決定的な役割を果たした。今日では世界各地で急速な都市化がつづいているので、増えつづける人びとに魅力的かつ快適で安全な都市環境を保証するために、彼の理念の重要性がますます高まっている。

世界の都市人口は、2050年までに地球人口の66％に達すると予測されている。私たち全員が、都市の建築と計画を人間中心のものにしていく意識を持たなければならない。それにはどうすればよいのか。いまがそれを検討するぎりぎりの時期である。また、2016年に80歳を迎えたヤン・ゲールの足跡と業績から大きな力を汲みとる最適な時期でもある。

ヤンは、50年以上にわたって——最初は研究者として、次いで自分の事務所

> 私は、建築家教育を受けた建築家です。私が卒業した1960年はモダニズムの時代で、都市は悪であり……芝生のなかに自由に建物を配置することが善でした。……建築家はプロジェクトに君臨しており、いわば作家でした。それが私の受けた教育でした……
>
> ——ヤン・ゲール
> （2008年10月）

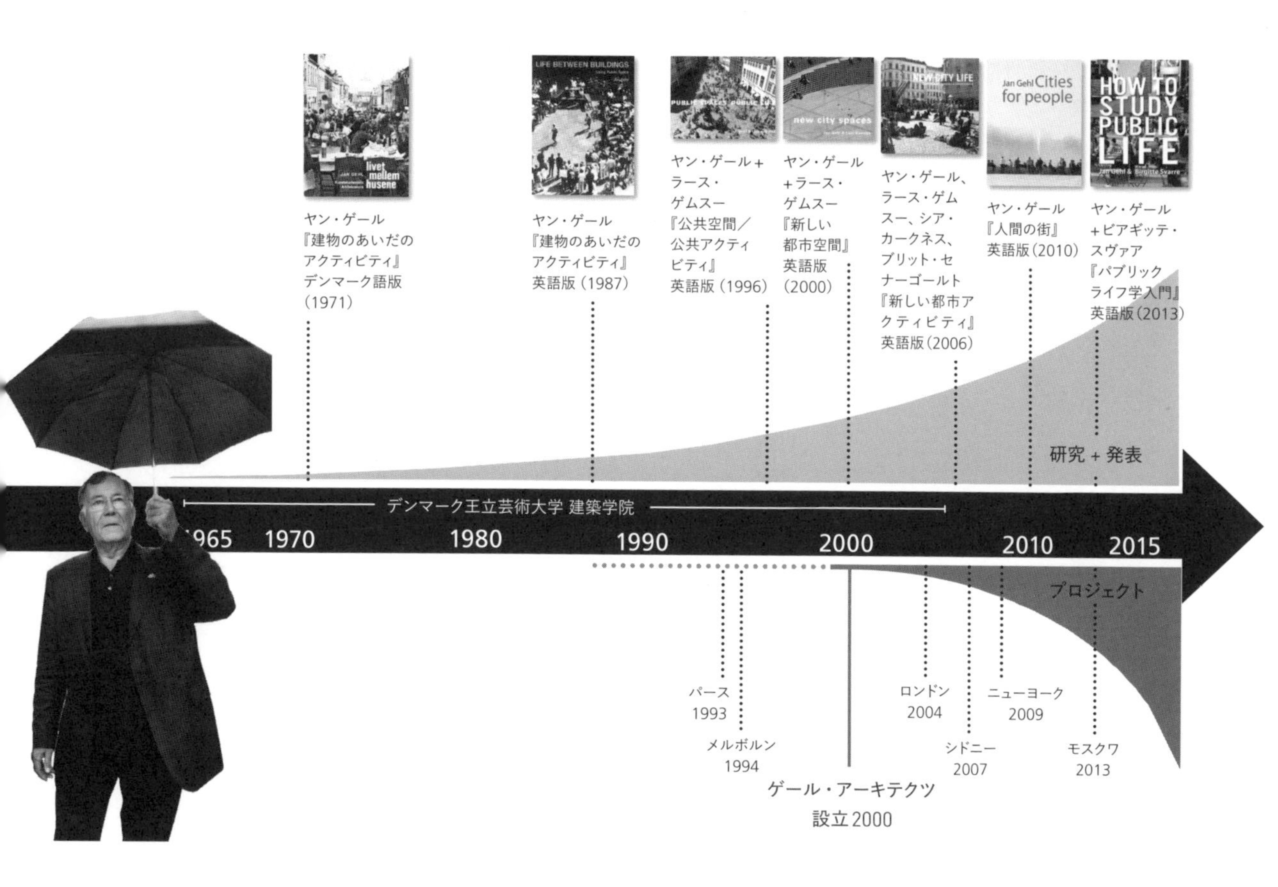

（ゲール・アーキテクツ）の仕事を通して——公共空間を改善するための構想を育て、それを世界各地の都市に適用してきた。彼の仕事は、都市デザイナーや建築家のプロジェクトへの取り組み姿勢に明らかな影響を与え、私たちの街パースは言うに及ばず、ニューヨーク、ロンドン、モスクワ、コペンハーゲン、メルボルン、シドニーなど、世界の名だたる都市で実現されてきた。

理論家としてのヤンは、明らかにヒューマニストであり都市主義者である。彼は常に、自動車交通、建築的繁栄、盲目的かつ単純な経済のためだけでなく、「人間の街」をデザインする必要性を強調している。そして、よい建築とは単なる形態の話ではなく、形態とアクティビティの相互作用の問題であると確信している。都市のデザインは、移動の負担を最小限に抑え、人びとが公共空間での生活を楽しむことを可能にし、人びとが偶然（また意図的）に出会う機会をつくりだし、常に人びとを第一に考えることによって、社会的交流の多様性を最大限に高めるものでなければならない。ヤンは、近隣地区や都市を人びとに機会を与える場所とみている。デザインは、この機会を促進するものでなければならない。デザインに関するこのような思想は、ジェイン・ジェイコブズ、ウィリアム・ホリー・ホワイト、ドナルド・アップルヤードといった他の都市専門家の理論と並行して成長してきた。ヤンは、世界的な活躍、粘り強さ、卓抜したコミュニケーション能力によって、いまやこうした思想の最も有力な主唱者といってよいだろう。

ヤンは、自分の仕事が次の3段階を経てきたと考えている——（1）1960年代に始まる研究と理論開発、（2）コペンハーゲンで1960年代後半から着手した現実のプロジェクトを通じた理論の開発・検証、(3) 世界各国での著書出版と各地でのプロジェクト着手による方法・理念の伝達と普及 (1990年代以降)。

ヤンは、一貫して建築と都市計画において「人びとを可視化」するために闘ってきた。彼は、自分の理念が採用されるだけでは満足せず、それを実現することに力を注いできた。また、絶えず理論の検証と開発を双方向的に進めてきた。つまり、理論を提案し、それを実際に試行し、その結果を反映させて発想を磨いてきた。コペンハーゲンと北欧の主要都市につづいて、彼が取り組みの試行と改良を行ったのがパースである。そこで、まずパースのヤンから物語を始めよう (この物語は第6章に続編がある)。

モダニズムについて

モダニズムは、都市を機械とみなす思想に基づいたテクノクラート的手法である。それは、工業都市、1890年代の経済恐慌、第一次世界大戦の戦禍による価値観の崩壊がもたらした社会的・経済的な混乱と幻滅に対応して生みだされたものである。

西オーストラリア州パース：完璧なモダニズム都市

1992年当時、ヤンの目に映った西オーストラリア州都パースは、比類のないモダニズム都市であり、「運転者優先計画」の街であった[＊1]。都市は、完璧に分離された土地利用——働くのはここ、買い物はあちら、寝るのは別の場所——と自動車の便を第一に組み立てられていた。中心街のいたるところに「あなたの車をあなたと同じように歓迎します」という標識が掲げられていた。

モダニズム都市が重視しているのは建物と道路であり、人間と場所ではなかった。モダニストたちは、この方法こそが人びとにとって効率的で健康的な都市をつくると信じていた。なぜなら、適切に機能するために、人びとには新鮮な空気・光・空間・車のためのゆとりが必要だからである。しかし、モダニズムは都市と建築の社会的次元を見落としていた。人びとは、他の人びと、アクティビティ、活気、多様性を体験することも望んでいる。

モダニズムと土地利用分離に対して批

完璧なモダニズム都市パース。ゴードン・スティーブンソンとJ. A. ヘップバーンによる1955年のパース都心部再開発計画の完成予想図。あなたの愛車をあなたと同じように歓迎します！

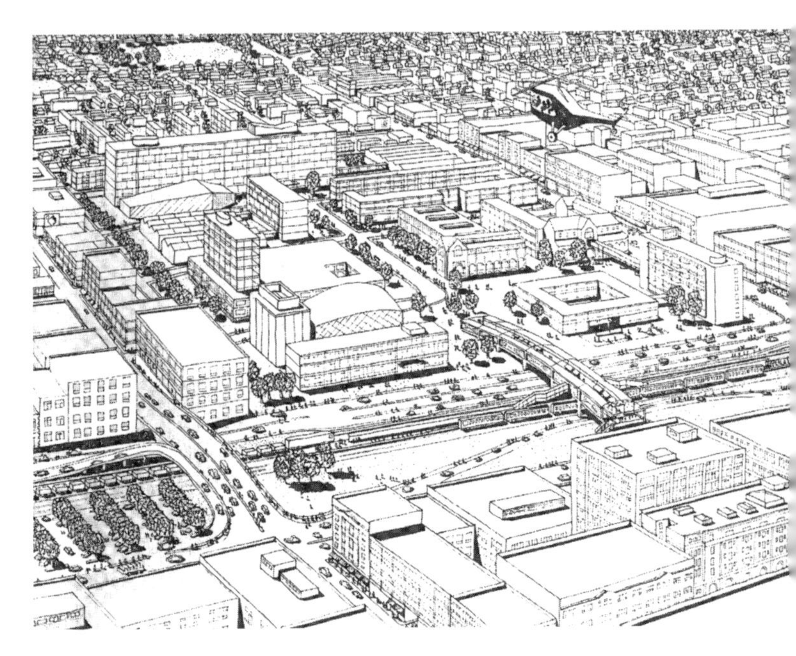

パースの都心部は、おそらく同規模の都市のなかで最も小さい。そこに、駐車場ビルに囲まれた巨大なデパートが鎮座している（『公共空間／公共アクティビティ――パース 1994』より）

判が投げかけられてはいたが、特に北米とオーストラリアでは、モダニズムが支配的教義として計画世界に君臨していた。さまざまな専門分野で、都市を人びとの相互関係の複雑系とは見なさず、独立した機能の集合として編成・計画・記述するようになっていた。

パースは、1833年にセプティマス・ローによって行政・軍事の拠点として建設された。その後、初期の集落時代と1890年代のゴールドラッシュによる成長を経た街は、1955年、ゴードン・スティーブンソンとアリスター・ヘップバーンによるモダニズムの大都市圏計画に基づいて再編された。これは、ブラジルの新首都ブラジリアが完璧な近代都市として構想されたのと同じ時期である。パース計画は、自動車輸送、低密度の郊外スプロール、高速道路網に基づく都市形態を提示していた。計画は1953年に州政府から委託されたもので、近代都市と当時世界を席巻していた米国式の理想都市像に基づいて大都市圏の開発を誘導する目的を持っていた。

この計画と大衆車の販売開始によって、地域の郊外化が急速に進行した。人びとは都市中心部から新しい郊外住宅地に流出し、都心部は商業と仕事だけの場所になった。主要な道路と橋の建設が始まり、川沿いに高速道路をつくるため1950年代後半にスワン川が一部埋め立てられた。

超高層オフィスビルがパースのスカイラインを支配するようになった。1990年代には都心の商業集中が進み、まわりの郊外住宅地からやって来る自動車交通が街路を埋め尽くすようになった。人びとは車で街に来て、車で帰宅した。そのため街は通勤時間帯に混雑し、昼間は賑わい、夜は無人になった。市は問題があることを認めた。そこでパース市と西オーストラリア州政府は、中心街における人びとの公共空間利用を調査するため、1992年にヤンを招いた。1993年の調査——後に公共空間／公共アクティビティ調査と呼ばれることになる——は、この種の調査としてスカンジナビア諸国以外で初めて実施されたものである。ヤンの見立てによれば、パースは「歩行の誘因を欠き、明らかに散歩の楽しみのための大きな誘因を持っていない」街だった[＊2]。彼は、パースが本質的に「大きすぎるデパートのような性格」を持っていて、2本の歩行者街路も「歩行経路ではなく、自動車交通に支配された街のなかの孤立した島でしかない」と結論づけている［＊3］。パースの歩行者街路は、結局のところショッピングモールの通路であり、人びとはそこを少しだけ歩き、まわりを見まわし、戻っていくだけだった。なぜなら、それが歩行者空間のネットワークにつながっているわけではなかったからである。それはどこにも通じていなかった。

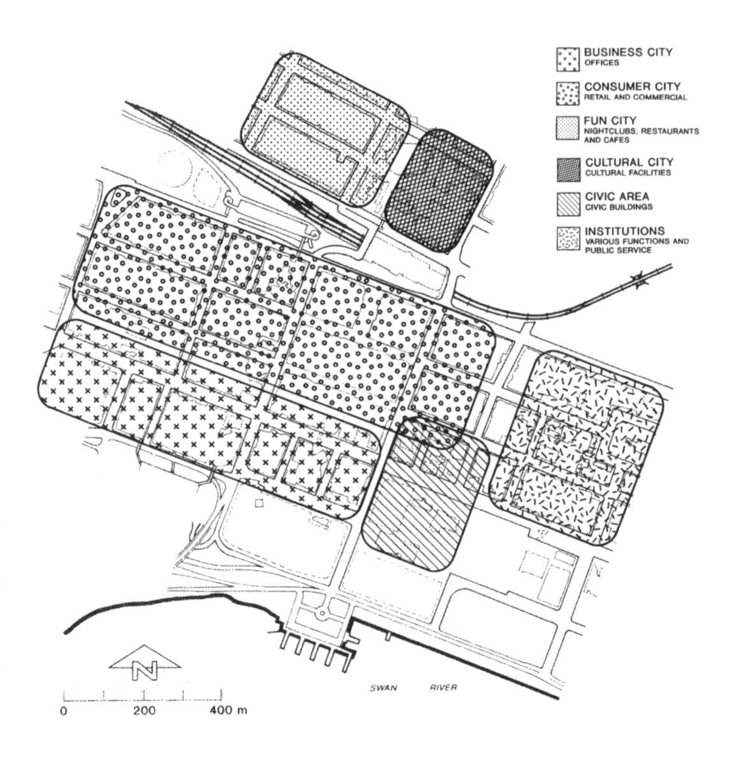

完璧なモダニズム都市パース。土地利用計画は、労働・買い物・娯楽の区域を明確に切り離しており、居住は視野に入っていない（『公共空間／公共アクティビティ——パース 1994』より）

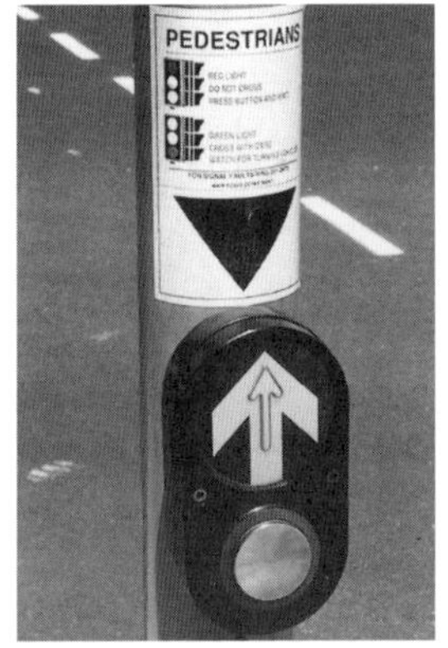

「あなたの愛車をあなたと同じように歓迎します」。しかし、実際には車の方がずっと歓迎されている。
左：車道4車線のマレイ通り（1985年）
上：通りを渡りたい？ どうぞ、これに頼みなさい！

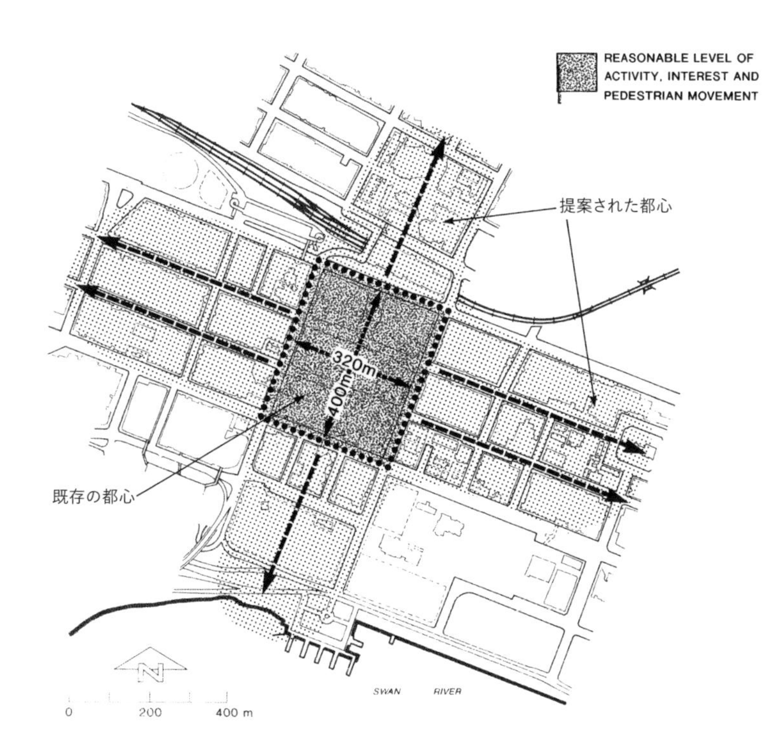

都市改善に向けたヤンの提案には、都心を4方向すべてに拡張し、川岸にまで拡げ、ショッピングセンターのまがいものを真の都心に変身させることが含まれていた(『公共空間/公共アクティビティ——パース 1994』より)

ヤンの公共空間/公共アクティビティ調査は、計画・デザインの体系が基本的に自動車移動と商業活動だけを重視していることを明らかにした。実際、中心街は郊外ショッピングセンターの模造品になりつつあった。また調査によって、歩行が公共アクティビティとは見なされておらず、公共空間に含まれているのは大きな市民行事に使われるイベント空間や大規模公共エリアだけで、街の日常的な公共領域ではないこともはっきりした。

それは手厳しい報告書だった。また、市と州政府に雇われたヤンにとって、受け入れやすいように調査結果を和らげず、こうした報告書を作成するのは、きわめて危険なことでもあった。彼は自分について「老いぼれボーイスカウトとして、程度の差はあっても、真実を告げたいという要領の悪い衝動を常に持ちつづけている」と語っている。

調査のまとめには、パースを人間中心の街に変えるのに役立ついくつかの提案が示されていた。そのひとつが、都市の自然資源——スワン川の水辺——を活用するために川まで歩いて行けるようにし、魅力的な川岸まで街を拡張するという提案である。「この街のために都心を拡張する必要がある。そうすれば、街が2街区だけで終わりではないと実感することができる。街を行く人びとに、ここが重要な街であり、大きな地域の力強い中心だというはっきりしたサインを送ることができる」[*4]。それがヤンの結論だった。

ヤンによれば、それは彼の人生で最も思い出に残る仕事のひとつになった。彼は、この街に6週間滞在して仕事をし、街とそこに住む人びとをよく知るようになった。彼はボランティアと市の担当者たちの並々ならぬ熱意に触れ、それが彼の体験をいっそう感慨深いものにした。これ以降、彼は世界各地の都市に次々と招かれ、それらの都市を人間味豊かなものにするのを手助けすることになった。

それでは、ヤン・ゲールとはそもそもどのような人物なのだろうか?

SHOP
COFFEE
SPECIAL
Reg $3.00
Large $3.50
No extra charge

2

人びとを可視化する

人びとを可視化する

マウンテンゴリラやシベリアンタイガーに適した生息場所については多くのことが知られているのに、その一方でホモサピエンスに適した生息場所についてはほとんど何も知られていないというのは、とても奇妙なことだ。

——エンリケ・ペニャロサ、コロンビア　前ボゴタ市長

ヤン・ゲールは、1936年9月17日にデンマークの地方都市レネで生まれた。一家は数年後コペンハーゲンに転居し、ヤンはそこで少年時代を過ごし、学校に通い、後に研究を行った。学校で飛び級し、級友たちより1歳若かったという事実を除けば、すべてが「いたって普通」だった。家には笑い声があふれ、きわめて開放的で、彼に「とても安定した拠り所」を与えてくれていたという。

最初、ヤンは工学を勉強するつもりだった。建築を学ぶ可能性に思いいたったのは、高等学校を卒業する直前で、彼には工学より建築の方がはるかに多彩で刺激にあふれているように思えてきた。彼の家系には建築の伝統はなく、建築家の親類も感化を与えるような人もいなかった。それは未知の分野だった。

ヤンによれば、彼の家族はどちらかといえば平凡な中流階級で、父親は官庁に勤め、母親は家で子育てをしていた。母親は歴史に深い関心を持ち、父親は大工仕事が趣味で、いつも夏の別荘に手を加えていた。後になって、ヤンは父親がずっと建築家になりたかったのではないかと思った。そうだとすれば、彼は多少とも父親の影響を受けたことになる。ヤンの家族で大学教育を受けたのは彼が最初である。彼は、1960年に23歳でコペンハーゲンにあるデンマーク王立芸術大学建築学院の修士課程を修了した。

翌年、ヤンは心理学の学生イングリット（旧姓ムント）と結婚した。彼女は、その後まもなく心理学者として活動を始めた。イングリットや新婚夫婦の共通の友人たち——心理学者、社会学者、医師など——は、ヤンと彼の建築家の友人たちに、よく次のような質問を浴びせたという。「なぜ君たち建築家は人間に関心がないのか？」「なぜ建築学院では人間のことを何も教えないのか？」「建築学院の教授たちは、写真に人間が写り込んで建築の邪魔をしないように朝4時に建築写真を撮影するが、それについて君たちはどう思っているのか？」これらはどれも、モダニズムを実践するための訓練を受けた若い建築家にとって、心をかき乱す「矢継ぎ早の質問」だった。建築と都市デザインに対するヤンの取り組みは、イングリットの心理学研究から強い影響を受け、人間と構築環境との関わりを重視するようになった。一般的に1960年代は、既存体制と既存秩序に対する根本的な再考と異議申し立ての時代であった。また、市民にとって最善なものを誰が知っているのかについて、公開の場で激しい論争が行われた時代であった。コペンハーゲンなど一部の都市では、都市に起こりつつある変化が論争の的になっていた。ヤンはその論争の一翼を担っていた。

ヤンは、コペンハーゲンにおける同業者たちの仕事を見て、「構築環境と近代都市計画が新しい住宅団地で、新市街地で、また既存の住宅市街地で人びとを扱うやり方にひどく腹を立てた」。モダニズムの新しい住棟が並ぶ地区には人間の

アムストゥゴーデン住宅団地計画(1962〜63年)。共用広場を囲んで小規模な住戸群が配置された。こうした住戸群が11個集まって団地を構成していた

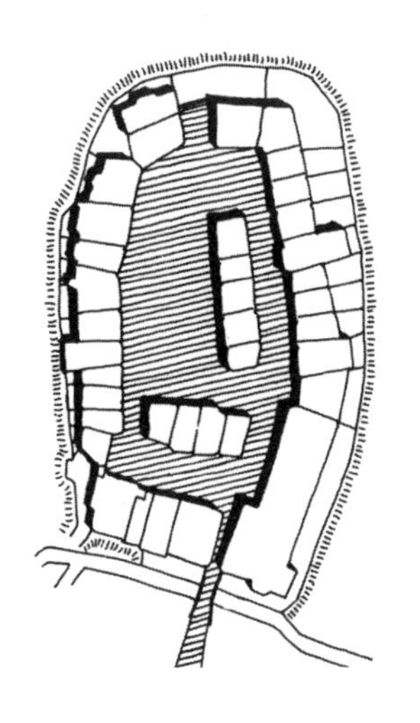

設計者の着想の源は、サンピットリーノ・ロマーノ（左）のようなイタリアの小さな村であった。新聞の風刺漫画のなかで、建築家がデンマークの郊外で「甘い生活」を送ることができると説明している。この計画は大胆すぎて実現されなかった

生活が欠けており、郊外地区は寝るだけの場所になっていた。人間という見地がまったく欠落していた。

ヤンは卒業後、建築家ヴィゴ・ムラー＝イェンセンとティエ・アーンフレットのもとで2年間働いた。この時期の彼は、グリーンランドの首都ゴットホーブ（現在のヌーク）の大規模な社会住宅計画をはじめ、いくつかの住宅地計画に携わっている。ムラー＝イェンセンとアーンフレットは、堅実なヒューマニストとして、そしてデンマークで最もすぐれた集合住宅設計者の一員として高い評価を得ており、若い建築家が社会への第一歩を踏みだすのに悪い場所ではなかった。

1962年、短期間兵役についた後、ヤンはコペンハーゲンの建築家夫妻インガーとヨハネス・エクスナーの事務所で働きはじめた。事務所の仕事の中心は教会の修復作業と設計・建設であり、そこでヤンは主に中世教会の修復を手がけた。その仕事は、考古学的発掘から外装・内装に及ぶ幅広い作業で、照明器具・祭壇・オルガンなどのデザインも含まれていた。教会修復のこの数年間は、後の彼の学術業績とは「別個の余興」に見える

グリーンランドにおける植民地時代建築の実測（1959年）

コペンハーゲンの建築学院は、実測の技能を育てる長い伝統を持っていた。ヤンは熱心な参加者であり、歴史への興味がそれに拍車をかけ、主に農村部の中世教会を実測・調査する特別科目も受講した。彼は、こうした事情を背景に、1959年の夏から秋にかけてグリーンランドへの4か月の調査旅行に参加した。その目的は、デンマーク植民地時代の古い建物を実測し記録することだった。このプロジェクトを組織したのはデンマーク国立博物館である。

ギリシアの神殿遺跡の実測（1963年）

1963年の夏、ヤンとコペンハーゲン建築学院の9人の建築家・学生が、ギリシアのデルポイで4か月を過ごし、デルポイ聖域全体を実測するという先例のない作業に取り組んだ。神託所を発見することはできなかったが、考古学遺跡のきわめて正確な見応えある図面が作成された。奇異に思われるかもしれないが、それまで聖域の正確な記録は作成されていなかった。初期の発掘者は、宝物と彫刻の発見で頭がいっぱいだったのである。初期の図面のなかには、神殿の柱の数さえ不正確なものがあった。このプロジェクトを組織したのはアテネ考古学フランス学院である。

セイェロ島にある伝統的な村の教会の修復（1964～67年）が、建築家として独立したヤンの最初の仕事になった。1950年以来、ヤンの一家はこの島の小さな別荘で夏を過ごしていた
左：ヤンが水彩で描いた教会外観
上：修復工事中の教会の塔

かもしれない。しかし彼は、伝統的な工芸品と深く関わり、聖職者・考古学者・芸術家と緊密に協力して行うこの種の仕事がとても好きだった。都市デザインの仕事がますます多忙になり、彼がこの余興を断念したのは1990年代に入ってからである。ヤンは、1962年から1990年にかけて、この副業で11～12世紀に建設されたデンマークの村の教会を12棟ほど修復した。

ヤンがデンマークの都市ヒレレズ近郊の大きな敷地で集合住宅開発の設計に参加するようになったのは、エクスナーのもとで働いていたこの時期のことである。その敷地は農村地域から都市地域に用途指定が変更されようとしており、理想主義的な土地所有者が遺産になるものを残したいと望んでいた。彼は、よく見かけるバラ建ちの郊外住宅や「コンクリートの箱形住棟」ではなく、「人びとのためになる」住宅地をつくってほしいと明確に求めていた。

これは、事務所の建築家たちにとって厄介な課題だった。「人びとのためになる、とはどういうものか?」それは1960年代前半には耳にしたことのない難題であり、所員たちは何をすればよいのか頭を悩ませた。

新しい考え方が必要だった。そのため、彼らは社会学者の意見を求めた。デンマークで集合住宅の設計プロジェクトに社会学者が参加したのは、おそらくこれが最初である。どうすれば人びとのためになる集合住宅をつくることができるのかという問いかけは、当時としては新しく示唆に富んでいた。そして、すぐに参加した社会学者にもよくわからないことが明らかになった。この経験から、ヤンは新しい洞察を発展させるには社会科学と建築を結びつける必要があることに気づいた。

そこから生みだされた計画が、低層住戸が連続して共用の公共空間を取り巻く集合住宅アムストゥゴーデンである。共

Sembra ma non è un «beatnik»

Da diversi giorni abbiamo notato un giovane straniero aggirarsi per la Piazza del Popolo. Abbiamo subito pensato: «I beatnick» in Ascoli?

Ma il suo fare aveva qualcosa di particolare. A parte le misurazioni ed i rilievi con strani apparecchi ottici, lo straniero prendeva in continuazione appunti su tutti i passanti. Insomma chi era?

Poche parole di presentazione e di saluto e subito si è scoperto l'arcano. Si tratta dell'architetto danese Jan Gehl, che avendo ricevuto una borsa di studio per studiare la forma e la vita delle piazze italiane da un punto di vista architettonico e sociologico, ha incluso la nostra Piazza del Popolo nei suoi itinerari.

Il giovane e simpaticissimo architetto, che si avvale della collaborazione della gentile consorte laureata in psicologia, si va chiedendo perché mai — nei centri storici italiani — con tanti viali e belle strade nuove, la popolazione insista a passeggiare sulle antiche piazze.

Saremmo interessati, al termine delle sue indagini, di conoscere se ha svelato l'arcano del nostro inguaribile «passeggiar piazza». (Foto Riga)

イタリアで人びとを実測する（1965年）
上：1965年秋、アスコリ・ピチェノの新聞に「彼はビート族のように見えるが、そうではない」と書かれた。明らかに記者は、この「人間学を学ぶ学生」の奇妙な行動にとまどっている

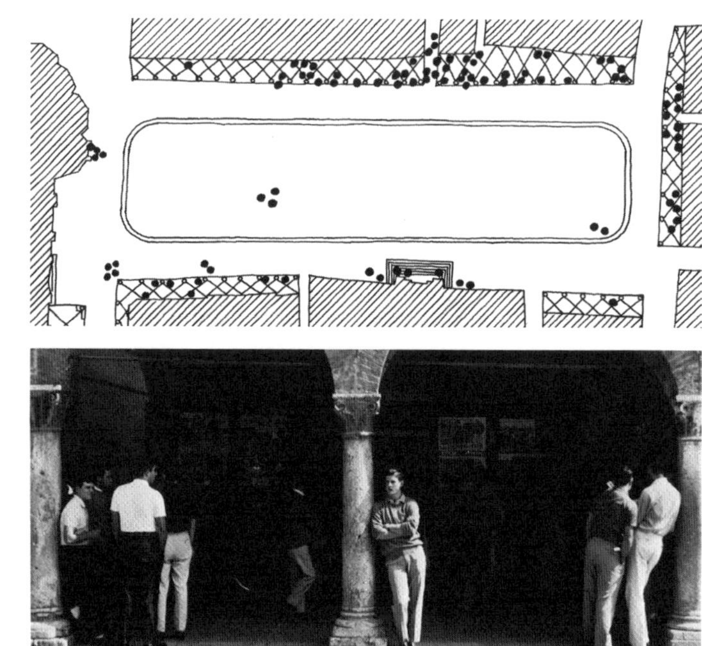

上：アスコリ・ピチェノにおける都市広場の調査結果を見ると、広場を歩いている人以外は、誰もが一定の場所に集まっていることがわかる。明らかに、広場で時を過ごす人びとは、エッジ（境界領域）とニッチ（壁のくぼみ）を好んでいた

有の広場は提案の核であった。この提案はデンマークで広く公表され、論争の的になり、論及された。しかし、このプロジェクトは当時のデンマークでは前衛的すぎると見なされ、実現しなかった。社会的ふれあいを促進するために隣人と広場を共有するという着想は、保守性の強い住宅市場では危険が大きすぎると考えられた。

しかし、コペンハーゲンでは事態が変わりはじめていた。市は1962年に、ストロイエと呼ばれる長さ1kmの目抜き通りを歩行者街路に転換した。それは一時的実験として始まったが、すぐに恒久化された。ストロイエの車両通行禁止については、ヤンが関与していたと考えられることが多いが、それは事実ではない。彼が行ったのは、歩行者空間化の数年後に始めたストロイエの調査であり、後年、調査研究を通じてコペンハーゲンのさまざまな整備に影響を与えることになった（これについては後述する）。1962年に着手したストロイエの歩行者空間化は、多くの点で先駆的なプロジェクトであり、ヨーロッパで最も早い時期のものである。しかし、最初の事例ではない。ランダース、オールボー、ホルスタブロなど、デンマークのいくつかの地方都市も、この時期に目抜き通りを歩行者空間化している。ストロイエの歩行者空間化の背後にあったのは、快適な商業・業務地区をつくり、郊外で建設が進んでいた新しい屋内型ショッピングモールに対抗しようという考えである。実験は大きな論議を呼び、批判者たちは「私たちはデンマーク人であってイタリア人ではない」、「デンマーク人は、絶対にコペンハーゲンの通りを散策したり、広場に座ったりしない」と主張した。そのような行動は北方人の気質に向いておらず、北欧の気候の

人びとが公共空間で時を過ごすとき、どこを選ぶか——ヤンの調査結果を見ると、すぐに「滞留の拠り所」の重要性がはっきりする。シエナのカンポ広場から車止めの短柱を撤去したら、広場のアクティビティが激減するだろう

もとでは実際に不可能だというのである。しかし、歩行者街路はまたたくまに成功をおさめ、初年度から歩行者数が激増した。

アムストゥゴーデンの集合住宅提案は、ヤンが公共領域に重点を置いて研究・設計に携わった最初の経験になった。彼は、それをはっきりした価値観をもって取り組むことのできた最初のプロジェクトだと言っている。このプロジェクト——そして建物のあいだの空間をとりわけ「人びとのためになる」ものとして重視したこと——は、彼の仕事にきわめて大きな影響を与えた。ヤンとイングリットは、直観と好奇心に導かれ、人びとの公共空間利用の本質を解明するため、1965年にイタリアへ旅立った。彼らは、「都市の人びとについて何かを見つけられるとしたら、それはイタリアに違いない」と信じていた。

イタリアにおける広場のアクティビティ 1965

ヤンとイングリットは、新カールスバーグ財団のローマ奨学金を得て、1965年秋から6か月間、イタリアを旅し、ルッカ、アスコリ・ピチェノ、マルティナ・フランカ、ローマなどの都市で、公共空間の利用と日常的な公共アクティビティを調査した。彼らは、「合理主義の計画によって再編されていない、また車に侵略されていない都市や町で目にした人間活動に引きつけられた」[*5]。彼らの言葉を借りると、「イタリアの古い街の公共空間にはアクティビティが渦巻いていた」[*6]。

ヤンとイングリットは、これらのイタリア都市に見られる人間の生態系と活動の多様性に魅了された。彼らは、日常的アクティビティの入り組んだ細部を調べることに熱中し、都市デザインの観点で

I 1978 bliver det svært at sælge villaer

Psykolog-arkitekt-ægtepar: Ud med arkitekterne og ind med miljøkonsulenter

Boligen skal være levende ramme ... ende menneskers liv

Hele Familien

B.T. lørdag

Vil skabe gode bolig-miljøer: Koster ikke mere

Her elsker de at sidde og se på far og mor

ET HUS SKAL RETTE SIG EFTER BEBOERNE -OG- IKKE OMVENDT

Ingrid og Jan Gehl

Hurra for Gehls

Tak til ægteparret Ingrid og Jan Gehl (red.: B.T. lørdag den 6. marts). Man havde næsten ikke turdet håbe på sådan en fuldtræffer i vor forkvaklede udfoldelsesmæssigt dræbende arkitekttegnede tidsalder.

Jeg synes, psykologen og arkitekten skal have et trefoldigt hurra for deres ideer om menneskevenlige miljøer. De to fortjener at blive hørt og at mærke en positiv reaktion fra befolkningen, som er vant til at føle sig udenfor i forbindelse med

KNUD POULSEN

Videnskaben ud på flisen

Med hilsen til Arctander i Kartoffelrækkerne

Af SVEND ERIK MØLLER

POLITIKEN

FIAT – FREM FOR ALT

Ballerup

Bolig-ørkener i Københavns omegn

1960年代デンマークの新聞・雑誌記事。物理的環境の質について語る心理学者と建築家の好奇心をそそる取り合わせに、世間が関心を持っていたことがわかる。ある見出しには「ゲール夫妻がんばれ」と書いてある。年配の記者が書いた別の記事は、公共アクティビティの研究に資金を投じるのは浪費だと指摘している。「公共アクティビティは自明で誰もが知っているものであり、これ以上知る必要などまったくない！」

1967年のテレビ番組の一場面——ヤンとイングリットが街路を歩行者空間化することの利点を説明している。これは最近、デンマーク国立テレビによる歴史探究シリーズのなかで紹介された

何がうまくいって、何がうまくいかないか学びとろうとした。

ヤンがイタリアで特に関心を持ったのは、人びとが公共空間のどこに座り、立ち止まり、交流するのか、またなぜそうするのかを調べることだった。ヤンとイングリットは、アスコリ・ピチェノのポポロ広場で、公共空間での人びとの活動を必要活動と任意活動の2種類に分類しはじめた。この2種類の活動は、物理的環境に対する要求が大きく異なる。彼らは、人びとの活動を記録し図化するさまざまな方法を試みた。また、特定の活動を詳細に——さまざまな場所に座っている人、立ち止まっている人の数、さまざまな通りの歩行者数など——記録することにより、それぞれの場所が人びとにとってどのような役割を果たしているのか、その理由は何なのか観察しはじめた。広場では、一息入れたり日常的活動を眺めたりするために、人びとが縁沿いに集まっており、公共空間におけるエッジの重要性が浮き彫りになった。エッジのこのような使われ方はヤンを魅了し、その後、彼が何度も立ち戻るテーマになっている。

夫妻は、イタリアの街路景観に没頭した後、1966年前半、研究成果を一連の論文にまとめてデンマークの建築雑誌『アーキテクトゥン』に発表した［*7］。当時、建築的文脈のなかで人間行動を詳細に研究することが珍しかったため、これらの論文はどちらかと言えば特殊なものと見なされた。

イタリアでの研究は、理論の面でも研究方法の面でも、その後のヤンの仕事の基礎になった。彼はイタリアで、そして後にデンマーク王立芸術大学で、一貫して方法を開発し結果を検証しつづけた。公共空間のさまざまな利用に対する理解が進み、デザインの役割が明らかになりはじめた。

モダニズム計画の批判を超えて

イングリットとヤンは、イタリアでの研究業績によって公共問題の研究者、さらには活動家として社会的に評価されるようになった。彼らは、都市を取り巻く広大な戸建て住宅地と次々に建設されつつあったモダニズムの集合住宅プロジェクトの両方に疑問と批判を投げか

ホイェグラドサックス――無味乾燥な造園に囲まれた13階建て5棟の住棟によって構成される低家賃集合住宅。1969年に社会学・心理学・建築学研究集団の50人の学生と50人の怒れる親たちが力を合わせ、堅苦しい造園に対抗してまったく新しい遊び場をつくりあげた。ホイェグラドサックスの設計者は、それを「建築に対する破壊行為」と呼んだ。デンマーク建築家協会は、この抗議プロジェクトに対して資金の一部を援助した。それは差異が激化した時代だった

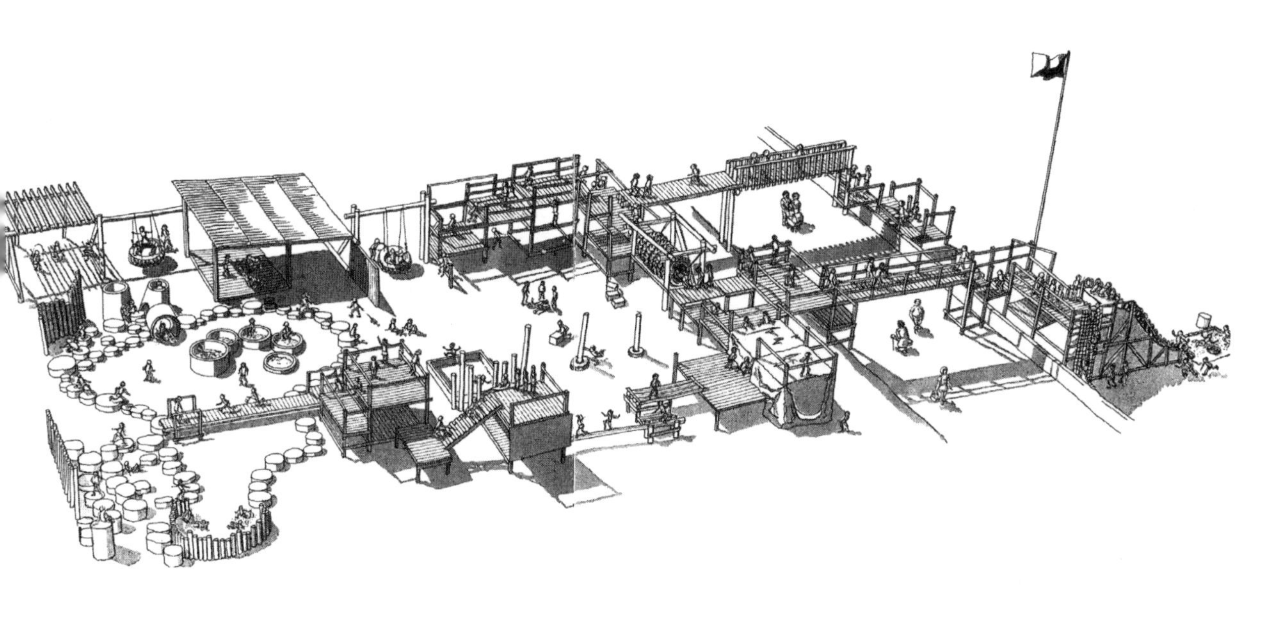

この図は、ホイェグラドサックスの新しい遊び場の情景を示している。芸術家、建築家、デザイナー、教師、親たちが力を合わせ、すべての年齢層のための遊び場をつくりだした。大きな目的のひとつは、数本の橋を架けて、住宅団地と周辺環境を隔てる長い壁を越えられるようにすることだった（図版出典：『ボーベドラ』誌1969年10号）

け、デンマーク国内で存在感を高めていった。彼らはともに、当時の指導的建築家・都市計画家の一部が身につけていた傲慢さ、特に人間的尺度や人間的要求に対する無関心を論難する多くの論文を発表した。

しかし、ヤンとイングリットは、これらの問題に論評を加えるだけでは満足しなかった。人びとと構築環境のあいだにはどのような相互作用が生じるのか——建築家と都市計画家は、それをもっとよく理解しなければならない。彼らには、それが自明のことに感じられた。そして、人びとと都市との相互作用についての基礎知識を研究し蓄積するために新しい手段が必要だと信じていた。イングリットは住宅問題の研究に進み、ヤンはコペンハーゲンの建築学院を新しい拠点にして、都市における人びとのアクティビティに焦点をあてつづけた。

建築学院に戻る

1966年、デンマーク王立芸術大学建築学院は美術学校から大学に移行した。それは、建築学院内の学科が研究も行わなければならないことを意味していた。造園学教授だったスヴェン＝イングヴァー・アンダーソンが、ヤンを建築学院に招き、公共空間利用の研究をつづけるように声をかけた。彼は、アムストゥゴーデン計画の造園設計を手がけた縁でヤンのことを知っていた。ヤンは、4年任期の研究員として造園学科に就職し、人びとによる都市と住宅地区の屋外空間利用調査に取り組んだ。

ヤンは、建築学院における初代研究員の一員だったので、研究方法や着想をほぼ自由に展開することができたが、一方で指導を受けることができず、同僚研究者の支援や研究の伝統もなく、孤独と不安を抱えていた。そのころイングリットは、国内初の環境心理学者としてデン

デンマークにおける住宅地の質に関する活発な議論と、イングリット・ゲールの『居住環境』やヤン・ゲールの『建物のあいだのアクティビティ』といった書物が、1970年代以降の多くの住宅団地計画に大きな影響を与えた

柔らかいエッジをはさんだ朝のおしゃべり。フェルスタイヌストゥーンのソルビェリハーフ（1977～80年）

入念に計画された公私のあいだの境界領域。フェルスタイヌストゥーンのシベリウスパルケン（1984～86年）

1978年に建設されたシェルント住宅団地は、ヤンとイングリットの影響を直接受けたと明言している数多くのプロジェクトのひとつである。設計：ベンテ・アウディ＋ボーエ・ルントゴールト

スウェーデンのマルメに建設されたボー 01は、デンマークにおける人間中心計画の研究に触発されたプロジェクトの国際的事例のひとつである。このプロジェクトは、1970年代から80年代にかけてラルフ・アースキンが手がけた草分け的プロジェクトと直接のつながりを持っている。ボー 01の調整役を務め、敷地計画を手がけたクラス・タム教授は、長年アースキンのもとで仕事をしていた

マーク建築研究所で働きはじめ、集合住宅の心理的側面に焦点をあてた研究に従事していた。彼らは共同研究を継続し、ヤンは生涯を通じて彼女から影響を受けつづけた。

この時期に、ヤンは研究者と学生の学際的グループを結成し、SPAS（社会学者、心理学者、建築家、研究の頭文字）と命名した。彼らは集まって構築環境について議論し、ワークショップや講演会を開いて、関係する専門分野の教育や手法、さらには市民参加・都市政策・建築形態の考え方に検討を加えた。グループは、専門分野の壁を超えて手段と思想を共有し、都市計画に対する一般的手法を異なった視点で見直す「新分野の幕開け」になった。SPASは、社会的影響力を持ついくつかの論文を発表したが、そのひとつはモダニズムの高層住宅開発のデザインに疑問を投げかけ、それが「労働力の再生産」にしか役立っていないと指摘していた。その住宅地が重視しているのは「寝に帰ってくる父親のための快適さであり、日中そこを利用している母親や子供たちのことは眼中にない」。この論文に触発された若者たちは、問題とされた住宅団地の公共空間を改造する過激ともいえる行動を起こした。それは住民に歓迎されたが、建設業界や既成勢力（政治家、住宅建設企業、そして特に開発を担当した建築家・都市計画家）にとっては直接攻撃になった。建築家や計画家のなかには、こうした活動家の行動に抗議して建築家協会を脱退する人びともいた。彼らは、若者たちの行動を「建築に対する蛮行」と呼んだ。騒動の背景には、建築家協会と建築出版社が、モダニズムの伝統に抗議する若い世代に対して少額だが資金援助をしていた事実がある。

> 私たちは、何かを建設するたびに人びとの生活条件を操作している。しかし、ほとんどの計画者はこの操作のことをよくわかっていない。
> ——ヤン・ゲール

コペンハーゲン物語序章：街が研究室

1966年に市街地と住宅地区における屋外空間の使われ方を研究しはじめてすぐに、ヤンは、コペンハーゲン中心街の歩行者街路ストロイエが最良の対象地であると判断した。彼は、1967年から68年にかけて、終日、また四季を通じて歩行者の活動と出来事を克明に記録した。「私は、毎週火曜日と土曜日、晴れの日も雨の日も雪の日も、冬も夏も、昼も夜

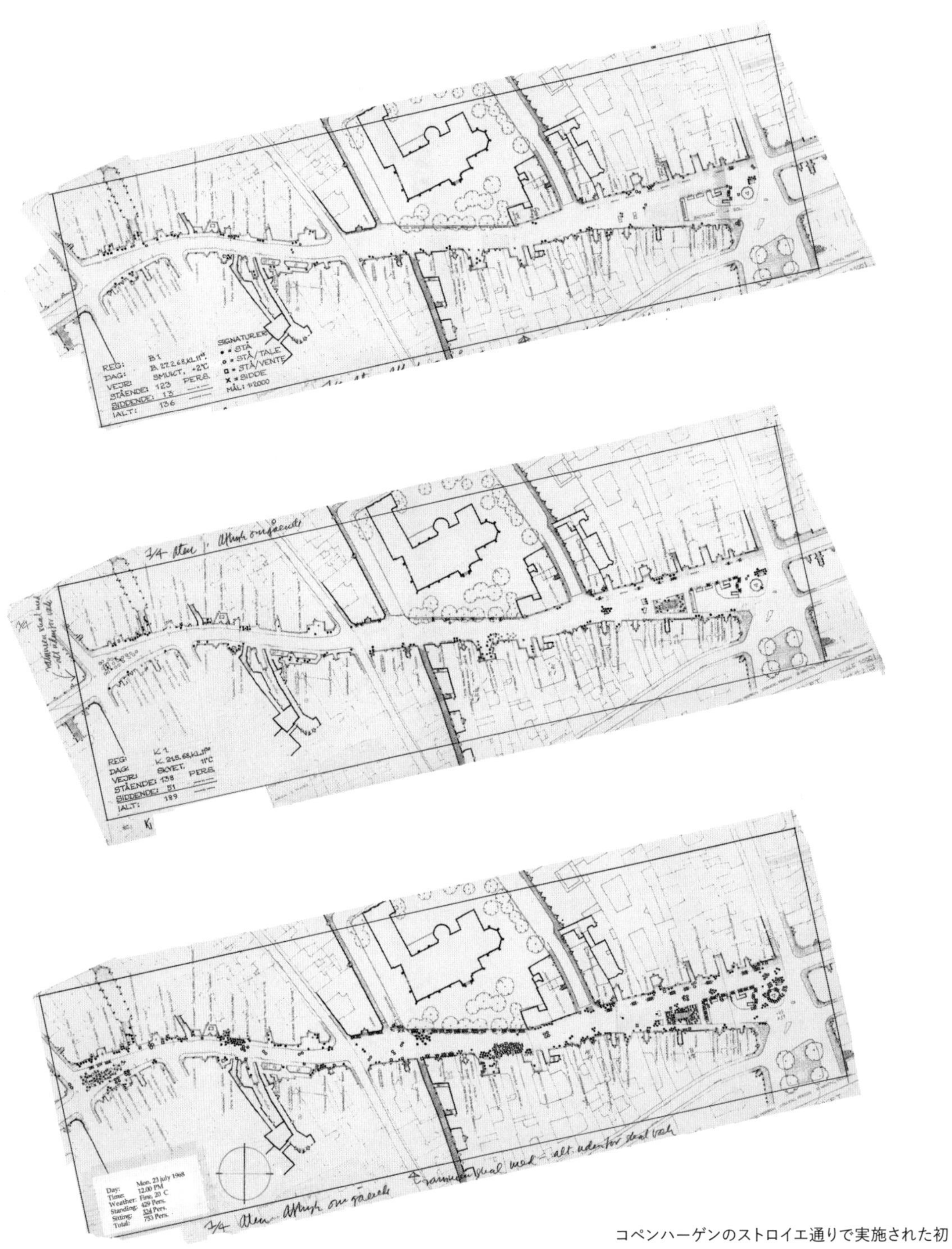

コペンハーゲンのストロイエ通りで実施された初期のアクティビティ調査の記録原図——1968年2月、5月、7月における中央広場周辺の滞留活動を示している。それぞれの記録は、異なる季節の晴天日に作成された。明らかに夏季に滞留活動が急増しており、調査エリア内では通過に比べて滞留が主な活動になっている

歩行者街路になって間もないころのストロイエ通り（1963年）。歩道と縁石はそのままだが、歩行者が増え、道幅いっぱいに広がっている

1960年代後半のストロイエ通りにおける場面。ヤンが、街路調査についてラジオ番組の取材を受けている

も、平日も週末も、そこで起こっていることを観察するために座りつづけた。……一日の周期、一週間の周期、一年の周期を調べ、都市のリズムがどのように変化するか知ろうとした」[*8]。彼はそう説明している。

当時、人びとの公共空間利用に関心を寄せる研究者——たとえばニューヨークのウィリアム・ホリー・ホワイト、カリフォルニアのクリストファー・アレグザンダーとドナルド・アップルヤードなど——が増えていたとはいえ、その研究方法はまだ十分に開発されていなかった。参考にできる研究がなかったので、ヤンは独自の方法を開発した。

彼は、公共空間における人間活動のさまざまな側面を詳しく調査した。そして、特に歩行速度、着座、立ち止まったりたたずんだりする場所に深い関心を抱いた。ヤンは、人びとが5分間にどれだけの距離を歩くか、歩行者のさまざまな集団がどのような速さで歩くか、天候が人びとの街路利用にどのように影響するか、人びとがどこに座るか調べた。彼は、大手デパートの前より、近くの建設工事現場の前に立ち止まっている人の方がはるかに多いことに気づいた。人びとは、生命を持たない展示商品より、何かをしている人たちを眺める方を好む。

ヤンは、1968年に調査結果を「歩く人びと」という論文にまとめて発表した[*9]。広範囲にわたる調査研究の成果に、コペンハーゲンの都市計画家、商店主、政治家などが大きな関心を寄せた。そこから公共空間におけるアクティビティの重要性についての対話が始まり、現在へとつづいている。

公共アクティビティを増進するには公共空間の質を改善することが大切であるという政治的認識が、ストロイエの成功によって高まっていた。ヤンの調査は、それを正確に記録するものであった。中心街では1968年に、ストロイエの歩行者街路化につづく第2段階の歩行者空間整備が実施された。しかし、誰もが彼の取り組みと研究に共感していたわけではない。1968年にある新聞記事は、彼が「研究費を浪費」しており、「研究界では公共アクティビティの研究など狂気の沙汰とされている」と報じていた。なぜなら、それは「自明のことであり、研究に値しない」からである。しかし、ヤンの調査研究は予算措置と政治家に必要な厳然たる事実と具体的数字を提供したので、彼の仕事に対する関心は高まりつづけた。

『建物のあいだのアクティビティ』の出版

建築学院でヤンは、イタリアでの調査研究、SPASといっしょに行った実験、コペンハーゲンでの詳細な研究をもとに、公共空間の研究にはっきりしたかたちを与えた。そして、その成果をもとに最初の著書『建物のあいだのアクティビティ』をまとめ、1971年にデンマーク語で出版した。

同書は、すぐにデンマークで大きな反響を呼び、オランダとノルウェイでも出版された。ヤンは、『建物のあいだのアクティビティ』で「人間が集落や都市をつくるようになってから、長いあいだ、街路と広場は人びとが集まり出会う生活の焦点をなしてきた。しかし、機能主義が出現し、街路と広場をまったく無用なものと断定した」と指摘し、モダニズムの都市計画を批判した[*10]。それによって、屋外アクティビティに不向きで、一般市民に不人気な単調で退屈な住宅地が生みだされたと断罪したのである。その後の彼の著作にはユーモアと物語があふれているが、この処女作にはそれがない。『建物のあいだのアクティビティ』の基調をなしていたのは喪失感である。それは「死活問題」——街路をつくる技の喪失に対する抗議書であった(ヤンの著作に関する詳細は5章を参照されたい)。

そのような場所をつくった専門家や彼らを育てた教育者にとって、それは明ら

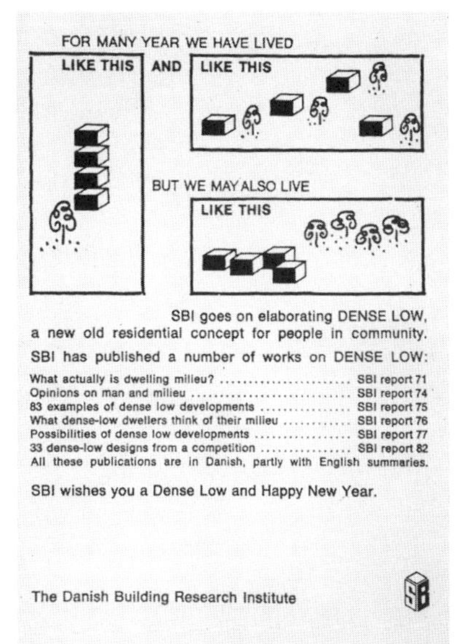

イングリット・ゲールは1971年に著書『居住環境』(左)を発表し、高い評価を得た。この本は、集合住宅の心理学的側面を論じている。
この本は、デンマーク建築研究所が物理的環境に対する意識啓発のために展開した大規模な運動の一環として出版された。この運動の意図は、研究所が1971年につくった年賀状(右)によく表れている。「長年、私たちはこのように(積み重なって)、またこのように(散らばって)住んできましたが、このように(肩を寄せあって)住むこともできます。デンマーク建築研究所は、皆さんが密度高く低層の、幸多い新年を迎えられることを祈っています」

かに耳の痛い批判だった。同じ1971年に、イングリットは、デンマーク建築研究所で行った集合住宅の心理学的側面に関する研究をもとに、最初の著書『居住環境』[*11]を出版した。同書は、モダニズムの建築・都市計画手法をきびしく批判し、住宅需要に対してもっと注意深い人間指向の対応が必要であることを指摘しており、ヤンの著作と同様に肯定的に迎えられた。

ヤンとイングリットの思想は一般市民の共感を呼び、二人ともメディアに頻繁に登場するようになったが、同僚の多くは、まだ彼らの仕事がそれほど価値のあるものとは見なしていなかった。

ヤンとイングリットは、多くの新聞記事で、都市計画と建築において人間の要求と人間の行動を考慮することの大切さを絶えず強調していた。これらの記事は、幅広い読者との結びつきを育て、またしばしば家族(既に3人の子供がいた)と家庭が紹介されたこともあって、彼らの主張と研究に人間味を与えることになった。

しかし、当時はヤンにとって政治的にも職業的にもきびしい時期だった。モダニズムは依然として都市計画と建築を支配しており、建築学院は1960年代後半から70年代初頭の学園闘争の結果、大々的な変化と再構築の渦中にあった。

まとめ

ヤンは、教会の修復と住宅地の設計を中心とした仕事から出発し、初期の公共空間研究、そして大きな影響力を持つことになる『建物のあいだのアクティビティ』の出版へと進んだ。彼は、イタリアとデンマークにおける公共空間のアクティビティ調査から出発して、独自の都市デザイン哲学を育て、人びとを可視化する方法を組み立てた。それは、妻イングリットの心理学的方法から強い影響を受けたものであり、人びとの都市環境利用を単純かつ体系的に観察することによって、デザインについて多くを学ぶことができるという強い信念に支えられたものであった。

겔 Jan Gehl 초청
주제 : Creating a Human Quality in the City : 도시에서 인간적 삶의 창조란?
주최 : 계원조형 예술전문대학 후원 : 한국건축가협회 일시 : 1996년10월24일 (목) 오후4시~6시 장소 : 계원조형예술

3

理念を広める

理念を広める

私たちはよく、ロバート・モーゼスの規模で計画し、ジェイン・ジェイコブズの基準で自己評価すると言ってきた。しかし、それはもはや正しくない。いまや私たちは、ヤン・ゲールの基準で自己評価している。[*12]

——アマンダ・バーデン、ニューヨーク市計画局長（2002〜2013）

人びとにとってよりよい街をつくろうとするヤンの理念は、1960年代から70年代、より人間的なデザインを求めて世界各地で巻き起こった、より大きな運動の一部であった。それは、従来の都市計画がもたらした共通の問題と欠陥に刺激されて生まれた運動である。

第2次世界大戦後、モダニズムの建築原理と自動車の大量侵入によって多くの都市が大きく姿を変えた。彼の研究と戦略は、そうした状況のもとで都市計画と建築の進路を修正し、人間の街を取り戻すのに決定的な役割を果たした。今日では世界各地で急速な都市化がつづいているので、増えつづける人びとに魅力的かつ快適で安全な都市環境を保証するうえで、彼の理念の重要性がますます高まっている。ヤンは、この運動の他の担い手に触れ、その影響を受けるとともに、一方で彼らの仕事に影響を与えた。彼は、スコットランド、オーストラリア、カナダで、多くの時間を割いて熱心に自分の思想を伝え検証し、当初の理念に磨きをかけると同時に、その理念の国際的応用性と自分なりの伝達方式に対する自信を深めた。

感化と啓発

ジャーナリストでありまちづくり活動家であったジェイン・ジェイコブズ（1916〜2006）とヤンは、ともに計画とデザインにおける人間の次元の必要性を信じていた。ジェイコブズは、1960年代、彼女が住んでいたニューヨーク市グリニッチビレッジの通りを観察することによって、街路のアクティビティを学んだ。彼女が主張したのは、「直接観察から導かれ、すべてを人びとの日常生活と結びつける」常識を備えた都市計画である[*13]。そして、街路が都市を代表する重要性を持っていることを力説して、次のように述べている。「都市を思い浮かべるとき、何が連想されるだろうか？　その都市の街路である。都市の街路が興味深く見えれば、その都市も興味深く思われる。それが退屈に見えれば、都市も退屈に思われる」[*14]。彼女は、当時の都市デザインと建築の問題を追求し、「主流派の建築はますます建築本体だけに関心を持ち、それを利用する世界にあまり関心を払わなくなっている」と批判した[*15]。

ジェイコブズは、世界中の都市計画家と都市デザイナーにきわめて大きな影響を与えてきた。彼女の著書『アメリカ大都市の死と生』（1961）は、いまでも生き生きした都市をデザインする方法について力強い洞察を与えてくれる。

ジェイコブズは、1968年にニューヨーク市を離れてトロントに移住し、後半生をそこで過ごした。1972年から73年にかけてヤンがトロント大学で教鞭を執っていたとき、ほんの数街区しか離れていないところに有名なジェイン・ジェイコブズが住んでいることを誰もが知っていた。しかし同時に、大学関係者が好

建築で重要なのはアクティビティと形態の相互作用であり、その相互作用がうまく働いていればよい建築である。そうでなければ孤立した芸術作品であり、彫刻に過ぎない。

——ケン・ワーポール

Dear Dr. Gehl

This is a much too belated thank-you for the two excellent books you sent me --Public Spaces, and Life Between Buildings. They are thoughtful, beautiful and enlightening, and I keep them on my living room table and refer to them often. My only excuse for not having written my appreciation before this is too much concentration on my part on writing my next book which will be out next spring. I'll send you a copy, as a combination apology and thanks. In the meantime, I only hope you realize how much your splendid books mean to me.

With gratitude and very best regards,

Sincerely,

Jane Jacobs

Jane Jacobs

ジェイン・ジェイコブズは、いみじくも人道主義的都市計画の祖母と呼ばれていた。ヤンは、経歴を重ね、著書や手紙を通じて確固とした結びつきができるまで、軽々しく彼女に近づかなかった。ゲール・アーキテクツの壁には、額に入れられた手紙がいくつか飾られている。ヤンは、2001年にトロントのジェインの自宅を訪問し、玄関ポーチでくつろぐ彼女と（主にニューアーバニズムの可能性について）実りある会話を交わし、記念撮影をした

20世紀における都市デザインの流れ：モダニズムから人間重視のデザインへ

1950年代以前	1960年代	1970年代	1980年代
1959 近代建築国際会議（CIAM）解散	1960 ケヴィン・リンチによる環境－行動研究 『都市のイメージ』 1961 ジェイン・ジェイコブズ 『アメリカ大都市の死と生』 1961 ゴードン・カレン 『都市の景観』	交通静穏化運動の始まり（オランダ人ヨスト・ヴァール） 1971 ヤン・ゲール 『建物のあいだのアクティビティ』（英語版 1987） 1977 クリストファー・アレグザンダー他 『パタン・ランゲージ』 1977 エイモス・ラポポート 『都市形態の人間的側面』	1980 ウィリアム・H・ホワイト 『小規模都市空間の社会的アクティビティ』 1981 ドナルド・アップルヤード 『住みよい街路』 1986 クレア・C・マーカス＋ ウェンディ・サーキシアン 『人間のための住環境デザイン』 1987 クリストファー・アレグザンダー他 『まちづくりの新しい理論』 1988 ウィリアム・H・ホワイト 『都市という劇場』

奇心から近くをうろつきまわり、彼女を煩わせるのを嫌っていることもよく知られていた。ヤンは、学生たちに都市計画に関する彼女の思想を教えつづけたが、彼女の邪魔をすることは控えていた。彼の本は当時まだ英語で出版されておらず、彼は、ヨーロッパの一大学人がなれなれしく近づくべきではないと感じていた。

そのようなわけで、ヤンはジェイコブズの著作から大きな感化を受けたが、彼が彼女と直接会ったのはトロント大学時代からずっと後のことである。ジェインとヤンの最初の、そして唯一の個人的な面会は、2001年9月にトロントの彼女の自宅の玄関先で行われた。その前から、彼らは手紙と著書を交換しており、コペンハーゲンのヤンの事務所の壁には額に入れられたジェイン・ジェイコブズの手紙が何通も飾られている。

ジェイン・ジェイコブズ以外にも、1960年代から80年代にかけて、この分野で業績をあげた人びとがいる（上表参照）。

ヤンは表中の人びとを全員知っていたが、そのうちの何人かについては特によく知っていた。ウィリアム・ホリー・ホワイト（1917〜1999）は、ヤンが何度も会った人びとの一人である。ホワイトは、ニューヨークの街路アクティビティと公共空間を対象に調査研究を行った。彼は、ヤンの仕事の影響、特に『建物のあいだのアクティビティ』に記された方法論に強い影響を受け、彼の独創的な著書『小規模都市空間の社会的アクティビティ』（1980）［＊16］と『都市という劇場』（1988）

1950年代から1980年にいたる人道主義的都市デザインの簡単な流れ。これを見ると、ヤンの仕事と理論が同時代の大きな流れのなかで占めている位置と意味がわかる

ラルフ・アースキンによるニューカッスルのバイカー住宅団地(1969〜81年)。アースキンは、みごとな建築をつくる力量を備えていると同時に、人間にやさしい場所をつくるディテールに注意深く目配りをしていた。アースキンの計画に共通する特徴は、1階のファサード、目の高さのディテールの入念な扱いである

[*17]のなかでそのことに触れている。

ホワイトも、ジェイコブズと同様にジャーナリストだった。彼は、さまざまな方法を駆使して、ニューヨークの公共空間における人びとの活動を記録した。ヤンは、ホワイトがいつも人びとのアクティビティに強い好奇心を持ち、動物行動学や人類学の手法を使って都市における人びとのアクティビティを調べていたと回顧している。特に彼は、異種の動物を観察するときのように、コマ撮りの低速度撮影を活用した。ホワイトは、ナショナルジオグラフィック協会による国内展助成金の受給者第一号になった。

ふたりは1976年にニューヨークで会い、研究について意見を交換した。そして、公共空間の人間行動に関する彼らの発見の多くが、イタリアでもコペンハーゲンでもニューヨークでも共通であることに気づいた。ヤンによれば、ホワイトは彼の観察結果の多くがニューヨーク市民の文化に固有のものだと信じていたので、こうした共通性がやや意外だったようである。

ホワイトの仕事は、彼が立ちあげた街路アクティビティ計画に受け継がれ、現在のプレイスメイキング組織「公共空間プロジェクト」へとつながっている。

1970年代初頭、ヤンは英国出身のスウェーデン人建築家ラルフ・アースキン(1914〜2005)と出会い、彼から研究上の大きな刺激を受けた。この出会いはヤンの原点になり、心の支えになった。アースキンは、さまざまな住宅地計画で、

ノーストロントにおける夕方の玄関先（1973年）

人にやさしいディテールを直観的に取り入れていた。それは、1970年代から80年代において、他の建築家には考えも及ばないことだった。

ヤンは、1971年にアースキン、クリストファー・アレグザンダーたちとストックホルムのアイデアコンペに参加し、ストックホルム空港近くのメーシュタを対象に自動車のない都市を設計した。興味深い着想が数多く提案されたが、この作業がヤンにもたらした最大の恩恵は、そこで生まれた個人的なつながりである。ヤンはアースキンと連絡をとりつづけ、後にニューカッスルの彼の事務所を訪問した。アースキンは、そこで労働者階級の家族のために、荒廃したビクトリア時代の長屋を新しいメゾネット型集合住宅に建て替える大規模な計画に取り組んでいた。彼は、それを一街区ずつ進めていた。バイカーと呼ばれたこの住宅地は、住民を立ち退かせることなく、新しい建物が完成すると、そこに住民が転居するやり方で進められており、他に例を見ないプロジェクトだった。住民が緑豊かな木々を享受できるように、建設工事の開始と同時に木が植えられ、住民の入居と同時に小鳥たちがやってきた。ヤンを特に勇気づけたのは、アースキンに対するバイカー住民の態度である。アースキンが通りを歩いていると、住民が歩み寄ってきて、異口同音に自分たちの暮らしを大きく向上させてくれたことを感謝していた。彼は、団地に住む子供や若者たちのために、彼らがいつでもやってこられる部屋を現場事務所に用意していた。この大規模な都市再開発プロジェクトは、人びとにきめ細かく配慮してデザインし、少しずつ開発を進めていくことによって、住民の暮らしを毎日少しずつ楽にしていくことに成功していた。ヤンは、これ――生活状態を日々少しずつよくしていくこと――が建築の大切な目標であることに気づいた。それはまた、きわめて大規模な再開発でも人間味豊かなやり方で実現できるという事実に目を開かせてくれた。ヤンがアースキンとの出会いから得たお気に入りの教訓のひとつは、よい建築家になりたかったら人びとを愛しなさいというものである。なぜなら、建築は人びとの生活の質の骨組みを

1972年から1973年のノーストロントにおける生活は、ゲール一家にとってかけがえのない経験だった。各家の前にあるポーチは、隣近所の気さくで親しみやすい雰囲気をつくりだすうえで大きな役割を果たしていた

なしているのだから。

ヤンは、人類学者エドワード・ホールの研究からも、独創性に富む著書『沈黙のことば』[＊18]『かくれた次元』[＊19]を通じて、人間の意思伝達や、建築が人間行動に及ぼす影響について大きな刺激を受けた。社会生物学者デズモンド・モリスも、彼の初期の仕事に刺激を与えた。ヤンは駆け出しのころ、現代の建築家が人間行動をまったく無視していると批判したモリスの著書を読んで深く感化された[＊20]。

世界に羽ばたく（1971〜1978）：スコットランド、カナダ、オーストラリア

『建物のあいだのアクティビティ』が出版された1971年は、建築学院が揺れ動いていた時期でもあった。この時期、ヤンは政治的干渉のため教鞭を執ることができなかった。それは「学生暴動の夜明けであり、建築学院は、政治経済と強い結びつきのない研究を行うのが特に難しい場所になっていた」。このような背景のもとで、建物のあいだのアクティビティを研究することは「まったくの時間の無駄であり、よりよい都市をつくることは革命への道を遅らせるものでしかない」と見なされた。建築学院でこのような非難を受けたヤンは、世界で仕事をしたいと考え、各地からの客員教授の招きに応じて、国際的な研究・教育の道に踏みだした。多くの大学で講義を重ね、幸いデンマーク語の著書の詳しい英文抄訳が出たこともあって、彼の業績に対する認知が国際的に高まってきていた。

これは彼が国際的注目を集めはじめる第一歩であり、彼の国際的ネットワークと人脈が急速に拡大しはじめた。1971年から78年にかけて、ヤンは、スコットランド、オーストラリア、カナダで客員教授として学生を教え、研究をつづけた。

ヤンの研究は、建築形態が公共空間のアクティビティに与える影響に焦点をあてつづけている。この時期の彼の研究は、主に住宅地の公共空間、特に玄関ポーチ（ベランダ）、前庭、家と通りのあいだの柵など、移行ゾーンの影響に重点を置いていた。彼は、教えていた大学の学生グループといっしょに方法を検証し、研究実験を行った。通常の教授義務から開放された時間は、彼に研究に没頭する機会を与えてくれた。

ヤンは、1971年にスコットランドのエディンバラに招かれ、ヘリオット・ワット大学建築学部で建物のあいだのアクティビティについて講義をした。かなり後の1980年代になって、建築家デイヴィッド・シム——現在ゲール・アーキテクツの共同経営者・クリエイティブディレクター——が同大学で建築を学んだ。シムによれば、ヤンの大学での影響は彼の時代にもまだ非常に鮮明だった。ヤンは人間の街を生き返らせた。長年にわたって彼の講義のビデオ動画が授業で流されたので、彼の理念はいつまでも忘れられずに伝えられた。1992年、ヤンはヘリオット・ワット大学から名誉博士号を授与された。

スコットランドの後、イングリットとヤンはニュージーランド行きを強く望み、オークランド大学の職を得ようとした。しかし、子供が3人いる家族には、その旅の費用をまかなうことが困難だった。代わりに一家はカナダのトロントに行き、ヤンはそこでトロント大学の客員教授（1972〜73）を務めた。ヤンとイ

サウスメルボルンのテラスハウス地区で観察された路上バレエ（1976年）。社会的アクティビティが繰りひろげられると、屋根を修理していた父親が、出来事に気をとられて屋根から落ちそうになる！

メルボルンの街路を調査するヤンとメルボルン大学の調査班（1976年4月）

メルボルンの街路調査（1976年）

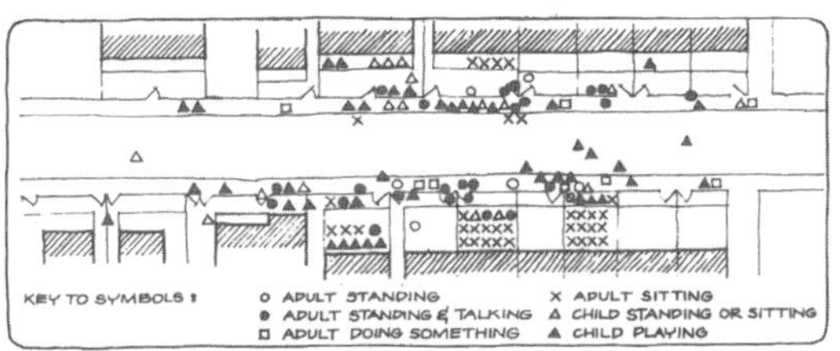

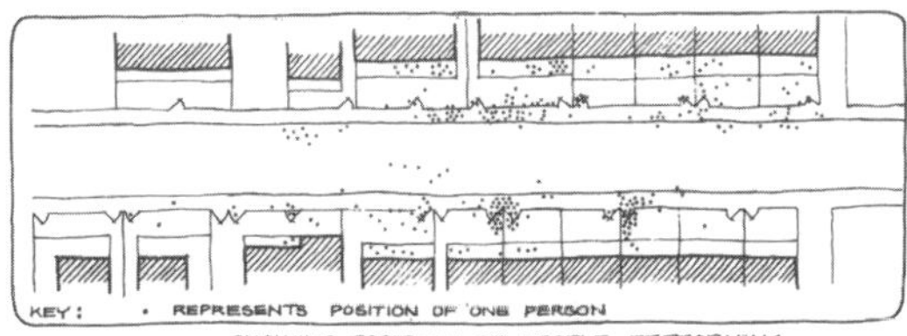

調査の焦点は、住宅地区における公私空間のあいだの境界領域だった。「柔らかい境界領域」が街路のアクティビティにとって重要な役割を果たしていることが、はっきり証明された。全活動の69%が前庭とその近くで行われていた。街路上の活動は31%にすぎなかった。

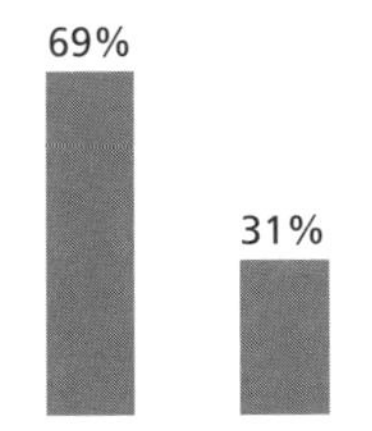

下：街路アクティビティを（離れて）調査している学生。学生たちは住宅街における交通安全の重要性を説明し、住民は全面的に協力してくれた

ングリットは、5年生の担当に加えて、「建築と都市計画における社会的次元」[*21]という連続講義を行い、大好評を博した。学生の期待はきわめて大きく、すぐに毎回の講義が満席になった。講義を聴きに多くの人が遠くからトロントにやってきた。この圧倒的なまでの関心は、イングリットとヤンが「よいところに気づいた」ことの証しだった。都市デザインと都市計画に対する彼らの取り組み——観察に立脚し、異分野間の協力と相互学習に基づいた方法——が、ほかの研究者の心を捉えたのである。それは、人間中心の都市デザインが普遍的魅力を持っていることを示していた。また、デンマークにおける研究と実践、特に集合住宅研究が、当時、北米のこの地域よりはるかに進んでいたことも明らかになった。

トロントでの講義が成功をおさめた結果、カナダ全土の建築学部から講義依頼が殺到し、米国からも初めて依頼状が届

オンタリオ州キッチナーとウォータールーの街路調査(1976年)

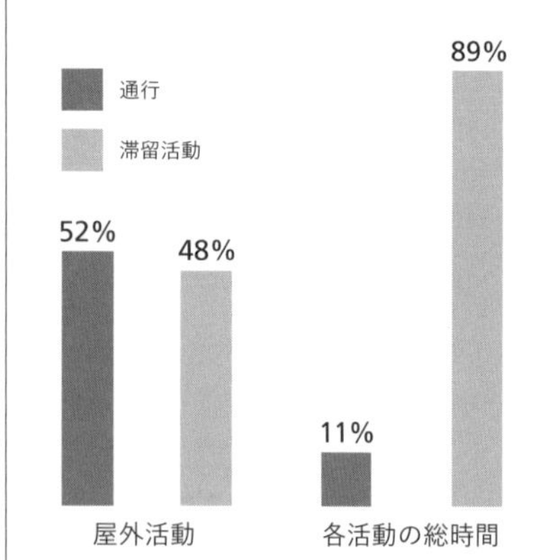

1977年にはカナダのウォータールー大学の学生と街路アクティビティの調査を行った。調査対象は、ウォータールー市とキッチナー市の合計12街路だった。この調査の重点は、異なる活動に費やされる時間とそれが街路の活気に与える影響を調べる点に置かれていた。住宅への出入りが全活動の52%を占めていたが、これらの通行活動はどれも継続時間が短く、実際には街路の活動レベルにほとんど寄与していなかった。

西オーストラリア州での街路調査はかなり退屈な経験だった。この写真は2つの重要な問題を示している。住民がスプリンクラーを使って芝生に散水し、学校帰りの子供たちが車道を歩いている（これらの利用はまったく想定されていない）

パースにおける郊外住宅地の調査（1978年）

ヤンは、1978年に西オーストラリア大学を訪問し、新しい交通安全地区の調査を行った。この地区は、歩行者活動と自動車交通を完全に分離していることで高く評価されていた。しかし、危惧したように、交通技術者が言っているほど効果的でないことが明らかになった。ここでも人びとは最短ルートを選び、子供たちは多くの活動が行われている場所、つまり車道で遊ぶのが好きだった。安全性を高めるはずの対策が、実際には安全性を低下させていた。

下：クレストウッドで作成された活動地図の1枚

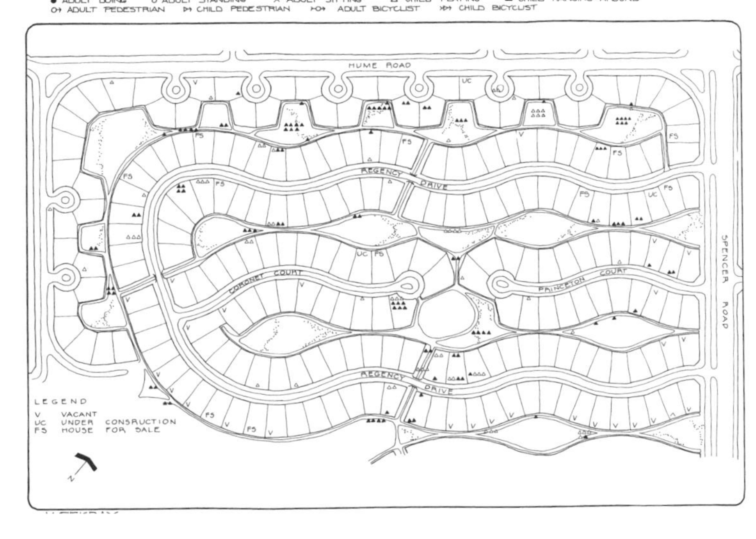

いた。実際、関心の広がりがきわめて大きく、1973年の春は、イングリットとヤンのふたりにとってひどく忙しい季節になった。1973年前半にミシガン大学とカンザス大学を訪問したのが、ヤンにとっては米国という舞台への初登場の機会だった。彼がとても驚いたのは、誰もが街の安全について語っていた点である。当時、トロントや北欧諸国では通りの安全が問題にされることなどなかった。

ヤンがカナダで研究した重要な課題のひとつは玄関ポーチの役割だった。彼は、家族と住んでいた北トロント近郊で歩いて帰宅したときの話をよくしてくれる。そこでは、どの家にも玄関ポーチがあった。大学での長い一日を終えて帰宅する途中、彼は隣人たちに玄関ポーチで一服していくように次々に手招きされ、マ

メルボルン、シドニー、アデレードの街路調査（1978年）

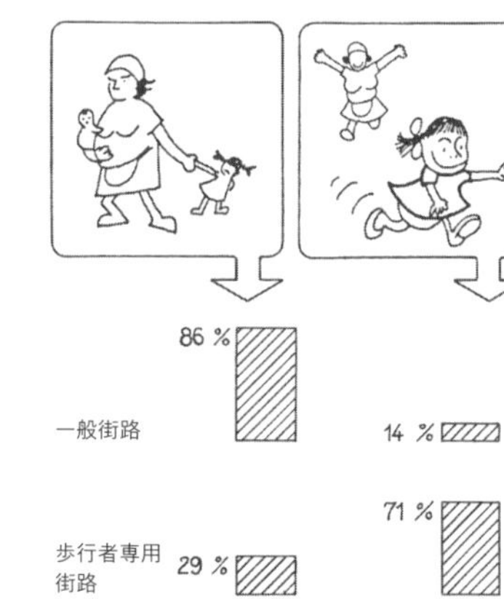

1978年にメルボルン大学とメルボルン工科大学を訪問した際、3種類の街路（歩行者専用街路、歩行者優先街路、歩道を備えた一般街路）の調査が行われた。歩行者専用街路と一般街路のアクティビティを比較すると、予想どおり人びとの活動と行動に大きな違いが見られた。きわめて興味深いことに、歩行者優先街路であっても、わずかな自動車交通があったり、時々路面電車が通ったりするだけで、街路アクティビティに強い悪影響が見られた。

恐怖の代価――オーストラリアの一般街路と歩行者街路における0〜6歳児の行動割合。一般街路の歩道では、自由に駆けまわっている子供がほとんどいない。一方、歩行者専用街路では、手をつながれている子供がきわめて少ない

メルボルンでは街頭のベンチがひどく混雑していた。市の建築家を説得して、100脚の公園用ベンチを調査チームに貸してもらった。これらのベンチは、学生が作成した計画に従って整然と配置され、翌日にはメルボルンの街頭に座っている人の数が倍増した

ティーニをしこたま飲み、千鳥足で家にたどり着いたものである。彼は、公私の境界領域がコミュニティ意識と近所づきあいに果たす重要性を示す例として、この話を講演で繰り返し語っている。

1976年には、オーストラリア都市との長期にわたる関わりと影響力の行使が始まった。この年、ヤンはメルボルン大学建築学部にネル・ノリス記念研究員として招かれ、住宅地街路のデザインとそこで行われる活動の種類・量の関係に焦点をあてた科目をいくつか担当した。その年の秋、彼と33人の学生は、行動マップと日誌を用いて新旧の住宅地街路における活動の違いを調査した。この調査結果は、「住宅地における公私領域の境界面」という冊子にまとめられた[*22]。調査対象に選ばれた17の街路は、デザイン面だけでなく、人種・所得水準などの特徴も多種多様だった。この調査は、私的領域(住宅、特に前庭と建物ファサード)と公的領域(街路)の境界部分が持っている重要性を浮き彫りにした。古い街路には小さい前庭が並んでいることが多く、前庭と歩道のあいだには低い柵が設けられていた。新しい街路の特徴は建物が奥まったところに配置されている点で、広い芝生が住宅を囲んでいた。調査の結果、どちらの種類の街路でも週末には多くの活動が見られたが、行われる活動にははっきりした違いがあった。古い街路では、何かを食べる、お茶を飲む、特に何もしないで屋外でのんびりするなど、社会的また余暇的な活動が多かった。一方、新しい郊外住宅地での活動は庭仕事が多かった。新しい地区では、広い芝生のせいで、隣人やたまに歩道を通る通行人との交流が促進されることはなかった[*23]。これに対して、柔らかい境界領域——低い柵、小さな前庭、玄関前の小さなベランダによってもたらされる段階的移行——を備えた地区では、はるかに高い水準の交流が人びとのあいだに促進されていた。ヤンと学生たちは、「この段階的な緩衝地帯」が「プライバシーを守りつつ、気やすく容易に制御可能なやり方で社会的活動に参加できる多様な可能性を備え、公から私への移行」を可能にしていると判断した。この柔らかい移行においては「さまざまな中間的可能性を選択することができる」[*24]。共同執筆者のソーントンとブラックは、この調査を振り返って、ヤンが「建築形態の影響を受けやすい特性」に関して「近所づきあい」「幸せ」「友情」といった言葉を使っていたと回想している[*25]。これらは、当時の建築や都市計画で使われていた用語とまったく異なるものだった。柔らかいエッジというテーマは、ヤンの研究を通じて繰り返し登場し、住宅地の街路だけでなく商業地の街路にも適用されている。

ヤンは1977年にカナダに戻り、トロントの南、ウォータールー大学建築学部で教鞭を執った。そこで彼は、戸建て住宅と二軒長屋が混在する住宅地の12の街路を対象に、メルボルンと同様に活動パターンの調査を実施した。この調査は、公共空間で行われる活動の数だけでなく活動の持続時間が大切であることを明確にした点で重要である。調査結果によれば、最も多く見られる活動は家からの出入りだった。しかし、この活動はすぐ終わってしまい、時間的には、その通りで観察される「街路アクティビティ」の約10%を占めているにすぎなかった[*26]。座る、眺める、子供の遊び、庭仕事など、もっと持続時間の長い活動の方が、通りの活動水準の90%を占めており、街路の活気にとってはるかに重要であった。

いま考えると、これは自明のことに見えるかもしれないが、当時、それは公共空間利用に関する新しい洞察だった。その後もヤンは、活動の持続時間が「公共空間におけるアクティビティの決定的要因」であるという理解を深めつづけている[*27]。

1978年後半、ヤンはメルボルンに戻り、メルボルン大学と王立メルボルン工科大学で教鞭をとった。彼は、ここでも学生チームといっしょに、歩行者専用街路、歩行者優先街路と路面電車乗り入れ街路、一般街路を対象に、歩行者数調査、行動マップ作成、観察を行い、街路タイプ別の比較調査を試みた。メルボルン、シドニー、アデレードの街路調査からは、顕著な行動の違いが明らかになった。数は少なくとも路面電車や自動車が街路に入ってくると、自分の安全や子供の安全に対する懸念が急増し、人びとの活動パターンが即座に変化したのである。

1976年のメルボルンでの研究によって、ヤンは1978年にパースの西オーストラリア大学からも招請を受けた。彼は、西オーストラリア大学で建築の学生といっしょに、新しく完成したばかりの郊外住宅地——ソーンリーのクレストウッド団地——で調査を行った。この団地は、ラドバーンの設計原理を採用して、車両交通と歩行者交通を完全に分離する発想に基づいて建設されており、当時最先端の交通安全設計を特色としていた。この新しくデザインされた地区では、団地全域で自動車交通のための道路と歩道が分離され、車両は街路側から、歩行者は公園側から進入するようになっていた。それは、生活の質と安全を改善する革新的な方法と考えられていた。当時、従来型の設計では住宅は街路だけに面していたが、ここでは各住宅が街路と公園の両方に面していた。そのため、この団地では当時のパースの伝統的分譲地に比べて、公共オープンスペースの面積がはるかに多くなっていた。

団地の観察調査を通じて、ヤンと学生たちは、大半の活動が交通技術者の想定とは違う場所で行われていることを発見した。人びとはいつも最短ルートを選択し、子供たちはいろいろな物事が起こる場所——車両進入路——を好んでいた。その郊外住宅地では、調査結果を受けて、従来型の郊外住宅地設計に沿って残りの土地が開発され、区域内の住宅は街路に正面を向けて配置されるようになった。モダニズム的な歩車分離理念を採用していた西オーストラリア州内の他のいくつかの郊外住宅地も、表裏逆転の配置を廃止し、伝統的街路に回帰した。そして、この設計思想が再び採用されることはなかった。

普遍的メッセージの開拓

この時期、ヤンは現実の人びとと実生活の事例を使って語りかける独特の発表スタイルを開拓した。公共空間を利用する人たちの物語と写真を、しばしば興味深く楽しく示してくれるのが、いまや彼の意思伝達の特徴になっている。特に重要なのは、彼が人びとの写真を使って、あたかも視聴者自身がその空間に身を置いているかのように感じさせてくれる点である。これは、従来の建築プレゼンテーション——その建築図面や構想図に描かれているのは無個性な人びとで、作品の添え物でしかないことが多い——と大きく異なっている。ヤンの講演は「意見と事実のきわどい混合物であり、彼はそれについて言い訳をしていない」[*28]。

まとめ

ヤン・ゲールは現代都市デザインの大家である。すべての大家と同じように、彼も先人の業績を糧にしている。しかし、彼の非凡なところは、モダニズムのデザイン思考に強力な異議を投げかけただけでなく、解決策をも提示した点にある。彼は、段階的な実践を踏んで、問題への対応方法を示してくれた。しかし、それが可能になるためには、都市における彼の人間観察が普遍的なものだという確信を持つ必要があった。「文化と風土は世界中で異なっているが、人間は同じである。適切な場所を提供すれば、彼らは公共の場に集まるだろう」。それがヤンの結論である。

事例1：写真に語らせる

ヤンの講義におなじみの特徴は、彼の経験を活かした説得力のある写真や短い小話である。右側は、どれも彼の講義で使われた写真と物語である。

建築家が庭への出口をつくり忘れたら、どうする？　自分ではしごを持ってきて、屋外で過ごすのに必要なものを運びおろせば万事解決！

ドイツのケルンで見かけた標識。おそらく「ここを通る母親は女の子の手を離さないように注意しなさい！」ということだろう

ポーランドで見かけた標識。おそらく歩行者に「この歩道を通るときは腕をしっかり両脇につけておきなさい！」と忠告しているのだろう

経験則：ベンチの前方より背後に多くのアクティビティが存在するとき、ベンチは利用されないか、斬新な興味深い方法で利用されるか、そのどちらかである！

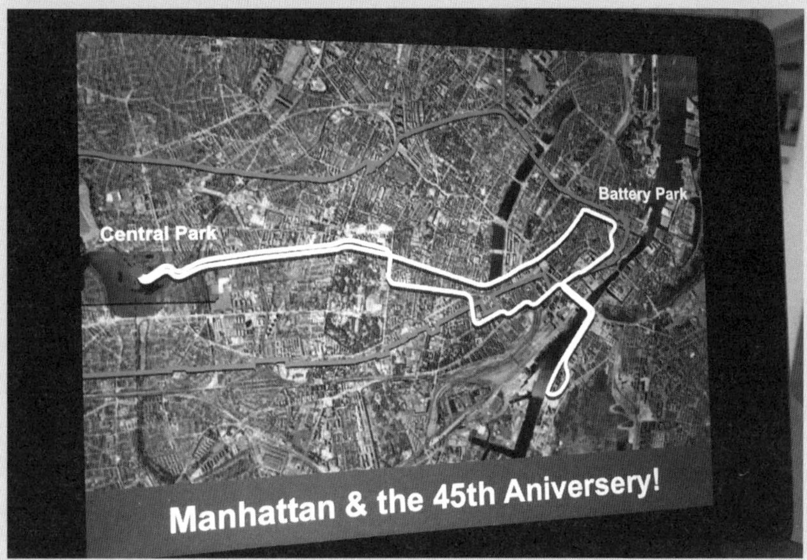

事例2：結婚45周年

45回目の結婚記念日をめぐるヤンの話は、掛け値なしに自転車にやさしい街を実証している。この機会に、ヤンとイングリット——どちらも70歳近い——は、自転車で自宅から晩餐に出かけた。彼らは、寄り道したり一休みしたりしながら、中心街の味わい深い場所をいくつも通りすぎた。この外出の走行距離は20kmに達したが、専用の自転車レーンを走るのはとても楽だったので、まったく問題がなかった。この小旅行は、この街では気軽に自転車を利用することができ、手軽な交通手段と手軽な方法が都市生活の一部になっていることを示している。ヤンは、このときの移動経路を訪問先の街の地図（たとえばマンハッタン）に重ね、その街に自転車利用のための施設が不足していることと潜在的可能性が残っていることを説明するのに利用している。

事例3：自然発生的活動と計画的活動

メルボルンの街路風景。扉の前の1平方メートルの空間は、いつも街角の向こうの10平方メートルより役に立つ

2つのトロンボーンの物語。ひとつのトロンボーンは、きちんとケースにしまわれている。演奏するには、ケースを開け、楽器を組み立て、調律しなければならない。それだけでなく、演奏をはじめる前に曲を選び、それを譜面台に置かなければならないかもしれない。複雑な手順には入念な計画が必要である。もうひとつのトロンボーンは、組み立てられ、調律された状態で出しっぱなしになっている。準備がすべて整っている。ヤンは、楽器を練習する時間がないので、いつも後ろめたく思っていた。しかし、トロンボーンがそこにあって、ケースから取り出して準備する必要がなければ、ヤンはもっと頻繁に演奏することができるだろう。興が乗ったら（または一休みしたくなったら）、いつでも自然発生的に演奏することができるだろう。ヤンは、この例を使って、自然発生的活動の余地を残しておくこと――あらかじめ活動を計画しておくより、何かをちょっとできること――の大切さを説明している。これは、高層住宅での生活（そこではどの住戸を訪ねるにも事前の計画が必要）と通りに面した感じのよい玄関ポーチを持った住宅での生活の違いを理解するうえで重要である。

ヴァンジャズティク

ずっとトロンボーンを演奏したいと思っていたヤンは、1979年、やっと1本のトロンボーンを購入した。すぐに、近所の男の子たち（と1人の女の子）も楽器を手に入れた。そして新しいバンド――ヴァンジャズティク――が誕生した。この名前は、彼らが住んでいた地区ヴァンルーセにちなんでつけられたものである。それは、伝統的なニューオーリンズ風ジャズを演奏する7人のグループだった。全員が40代前半で、10代の子供を持っていた。講師を雇って指導を受け、少しばかりの経験を積んだうえで、彼らは実際の演奏活動を開始した。約37年間に及ぶヴァンジャズティクでの演奏は、ヤンにとって最も大切な活動のひとつだった。彼らは、ストリートパレード、ゴスペルコンサート、国際学会ウォーク21の街歩き、誕生日、記念日、パーティなどに参加して演奏している。

事例4：コペンハーゲンはベビーブームだったの？

2009年10月、ヤンは、ベトナム語版『建物のあいだのアクティビティ』の出版に関連してベトナムに招かれた。その際、彼はハノイのデンマーク大使館職員リンさんと知り合った。彼女は、すこし前にコペンハーゲンを訪ね、デンマークはまさにベビーブームだと実感して帰ってきたそうである。ヤンには彼女の言っていることが理解できなかった。どこにもベビーブームなど存在していない。実際に出生率はわずかだが低下していた。しばらくして、リンさんが注目していたのは、街でたくさん子供の姿を目にした点であることがわかった。ベビーブームではなく、街の街路にも広場にも公園にもたくさんの子供がいただけである。子供たちが歩道を歩き、公園や広場で遊び、街のいたるところで多くの子供たちが自転車に乗り、あるいは自転車で運ばれていた。それは子供にやさしい街である。

街の街路や広場でたくさんの子供と高齢者を目にしたら、
それは街の質が高いことを示す確かな徴(しるし)である

HOW TO
STUDY
PUBLIC
LIFE
GEHL & SVARRE
HOW TO STUDY PUBLIC LIFE

4

実験室としての
コペンハーゲン

実験室としてのコペンハーゲン

建築学院による公共アクティビティ研究がなければ、私たち政治家は、都市の魅力を高めるために多くの計画を実行する勇気を持てなかっただろう。
——ブレンテ・フロスト、コペンハーゲン市建築都市計画局長（1994〜1997）

ヤンは、他の大陸や大学を数多く訪問した後、1976年にコペンハーゲンのデンマーク王立芸術大学建築学院で教育と研究を再開した。彼は再び、この街で起こっている変化に焦点をあてた。

1978年には、長年の僚友になる建築家ラース・ゲムスーが、ヤンの研究・教育チームに加わった。彼らは、コペンハーゲンを調査する研究グループの中心メンバーになった。コペンハーゲン市とは緊密な協力関係が育ち、やがて「良好な官民連携が本格的に開始された」。

これは、彼の研究のさまざまな要素が統合されはじめた時期である。ラースとヤンは、都市デザイン学科の他の人たちといっしょに、精力的にデンマークの各都市を訪れ、公共空間の評価を試みた。これは後に『よりよい都市空間』（1990年）という本にまとめられ、デンマークの地方都市における公共空間政策に大きな影響を与えることになった。

公共空間／公共アクティビティ調査 1986

既に述べたように、コペンハーゲンも当時の多くの都市と同様に、人間ではなく自動車を重視するモダニズムの都市計画に席巻されていた。市は、1956年に

1950年代には、コペンハーゲン中心部の18の広場はすべて駐車場になっていた。目抜き通りのストロイエが歩行者空間化されてから、18の広場はすべて歩行者の広場に姿を変えた
下：1956年と2006年のガンメルトーフ／ニュートーフ

重要な海岸通りであるニューハウンは、1980年まで約90台の駐車場だった。この通りは1980年に車両進入禁止になり、すぐに歩行者活動でいっぱいになった。それ以来、街で最も人気の公共空間でありつづけている
上：駐車場になっていたニューハウン（1979年）
下：魅力的で人気の高い歩行者空間になったニューハウン（2007年）

市街地北側に最初の高速道路を開通させた。中世以来の中心市街地はすぐに車でいっぱいになり、人びとは公共空間から締めだされていった。さらに歴史的市街地を横断する高速道路の建設計画が進み、街は自動車中心の未来に向かっていた。その一方で、市は1960年代に都心部で歩行者と自転車のための実験的な基盤整備に着手し、ヤンがストロイエの歩行者街路調査で明らかにしたように、大きな成果さえあげていた。しかし、モダニズム都市計画は依然として大きな力を持ちつづけており、1972年には最後の路面電車が廃止された。

流れの変わり目になったのは1973年の石油危機である。デンマークは石油禁輸措置によって深刻な影響を受け、政府は「カーフリーサンデー」の導入を余儀なくされた。この石油不足は、コペンハーゲン横断高速道路の建設に反対する市民運動に力を与えた。モダニズム計画には、1958年に承認された都市西部計画、

「自転車でバークリーを行く」は、ヤンが1983年にカリフォルニア大学バークリー校で担当した科目のテーマである

大学訪問

1980年代のヤンは、主にスカンジナビアで仕事をしていたが、国際的な学術交流もつづけており、1983年にはカリフォルニア大学バークリー校に客員教授として招かれ、ドナルド・アップルヤードの講座で授業を行った。それは、アップルヤードがギリシアで交通事故死した直後の学期だった。当時、人間重視の都市デザイン研究を行っている学術拠点は世界にわずかしかなく、バークリーにはそのひとつがあったので、これは重要な経験だった。ヤンはバークリーで、アラン・ジェイコブズ、クレア・クーパー・マーカス、ピーター・ボッセルマンなど、心の通いあう友と出会い、彼らといっしょに仕事をすることができた。強い友情が結ばれ、特にピーター・ボッセルマンは、1996年以降に出版されるヤンの著書の「盟友かつ批評者」として、彼の将来の仕事に重要な役割を果たすことになった（ヤンの著書を見ると、参考文献の著者として、またしばしば研究チームの一員として必ずボッセルマンの名前が挙がっている）。

次にバークリーを訪問したのは1985年のことであり、その後、世界各地のいくつかの大学を訪問することになった。そのなかで特記すべきなのは、1986年の東独ドレスデン訪問である。ベルリンの壁崩壊を間近に控えた年に行われた2週間の授業は、きわめて興味深いものだった。ヤンによれば、そこでは学生の将来に対する全般的無関心と信念の欠如が、建築と都市計画における人間的次元——社会主義の東独では完全に無視されていた視点——を学ぶことへの抗しがたい関心と表裏一体になっていた。彼の記憶では、教授たちは面白くなかったようだが､学生たちは間違いなく喜んでいた。この訪問は、学術交流プログラムの一環として行われたものである。東独の教授たちは、それを利用して西側を訪問し、買い物をすることができるので、彼らにはとても好評だった。一方、デンマークの大学人はドレスデンに行きたがらなかった。しかしヤンは、学生たちが熱心に人間重視の建築を学びたがっていると聞いたので、訪問を買ってでた。

さらにヤンは、経験を広め、世界各地で起こっていることを知るため、コペンハーゲンでの教育・研究の合間を縫って、メキシコのグアダラハラ（1983年)、「連帯」時代のポーランドのヴロツワフ（1987年)、インドネシアのジャカルタ（2000年)、人種隔離政策廃止後の南アフリカのケープタウン（2001年)、コスタリカのサンホセ（2006年）を訪れ、授業と研究を行った。

インドネシア訪問（2000年）

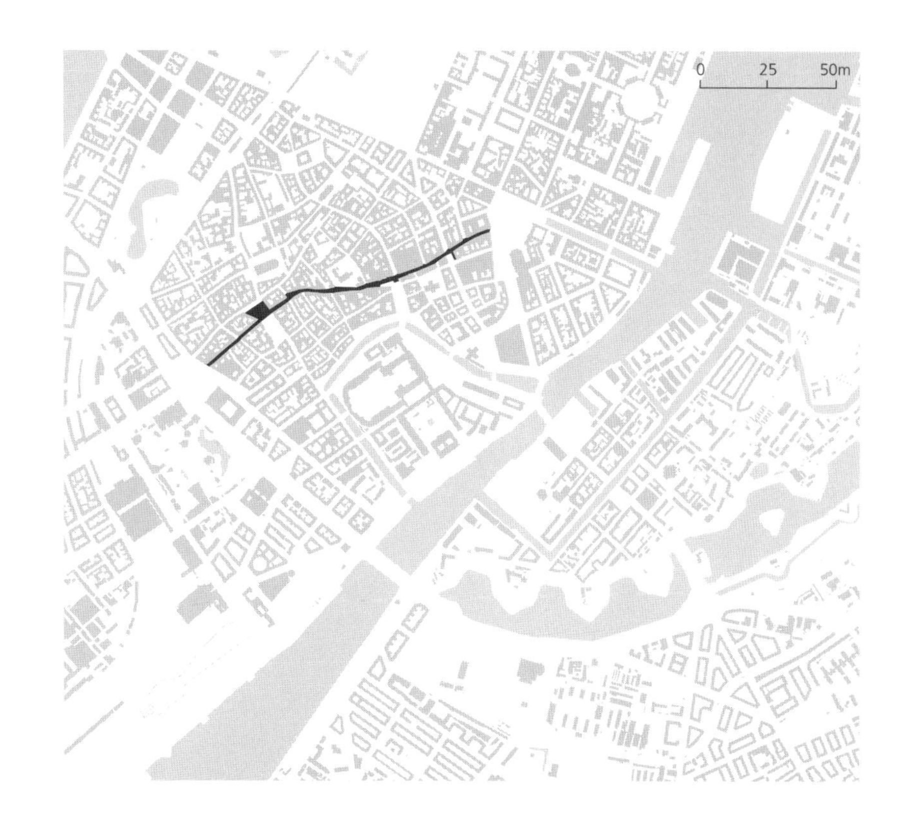

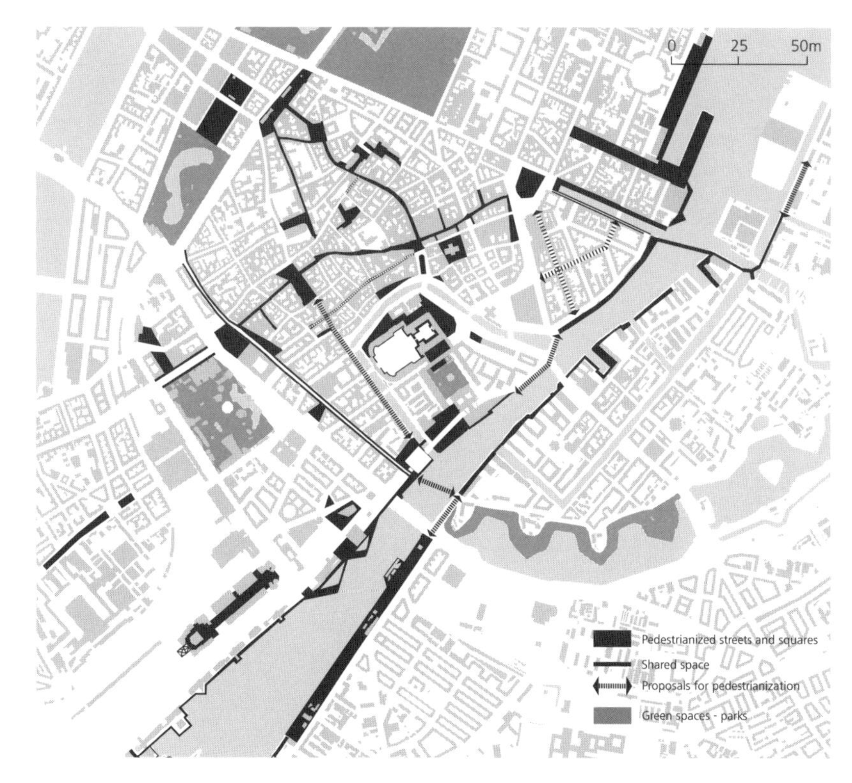

1962年から2016年（一部進行中の事業を含む）のコペンハーゲン中心部における歩行者空間の発達
上：1962年、ストロイエ改造後の歩行者空間
下：2016年（進行中のプロジェクトを含む）の歩行者領域。コペンハーゲンは、年を追って人にやさしい街になってきた

コペンハーゲンにおける人間の空間は、はっきり3つの段階を踏んで発達してきた。第1段階（1960～1980年）の主役は歩行者街路と歩行者優先街路である。そこでは歩行と散策に重点が置かれていた

第2段階（1980～2000年）では、街で時を過ごすのに適した場所づくりが重視された。そこでは、ゆっくり座って、街を楽しみ、カフェ文化や文化的な催しを満喫することに重点が置かれた

第3段階（2000年～）は、スポーツ、活動、遊びを増進する時期だった。そこでは、さまざまな種類の運動と活動に重点が置かれた

1964年に承認された湖水環状線などの高速道路建設が含まれていた。それが実現されていたら、ヴェスタブロ地区の住宅地に近い湖に12車線の高速道路とインターチェンジが出現していただろう。計画では、市民に愛された湖の一部を埋め立て、既存住宅地の一部を取り壊す必要があった。この計画と近代的な高層建築の建設に反対する市民運動が激しさを増した。ヤンの親友だったマイケル・ヴァーミングは、高速道路ができると湖がどれだけ侵食されるかはっきり示すため、湖にフロートを浮かべて効果的に訴える運動を展開した。また、大きな熱気球を使って新しい高層ホテルの影響を視覚化し、計画がもたらす変化に反対する試みも行われた。高速道路とモダニズム的な都市改造は、コペンハーゲン市政府の手で1974年に撤回された［*29］。この計画変更に対応してデンマーク中央政府が交通財源を撤収したので、市は、自転車レーンのような低予算事業しか実施できなくなった。それ以来、市は、公共空間の改善、環境の保護、自動車に代わる自転車利用の促進に力を注ぐようになった［*30］。

第2章で述べたように、ヤンは1967年から1968年の大半の時期、連日、市内の新しい歩行者空間が人びとにどのような影響を与えているか観察しつづけていた。最初の調査によって初期の歩行者空間計画が大きな成功をおさめていることが明らかにされ、1968年にそれが『アーキテクトゥン』誌上で公表された。1973年には歩行者空間が大幅に拡張され、中心市街地を網羅するネットワークが形成された。当時、世界各地の都市でも目抜き通りの歩行者空間化が進められていた。しかし、多くの場合、これらの都市で歩行者空間化されたのは限られた街路で、それも1街区か2街区の長さにすぎなかった。一方、コペンハーゲンでは歩行者街路のネットワークが中心市街地全体に張りめぐらされていて、歩行を促進するしっかりした誘因になっていた。

1970年代から80年代にかけて、市は、歩行者街路から広場の歩行者空間化に整備重点を移していった。魅力的な水辺の街路ニューハウンから車を締めだし、細長い広場に変えた整備がその一例である。この水辺街路は、市を象徴する存在になり、来訪者を引きつける重要な場所になった。

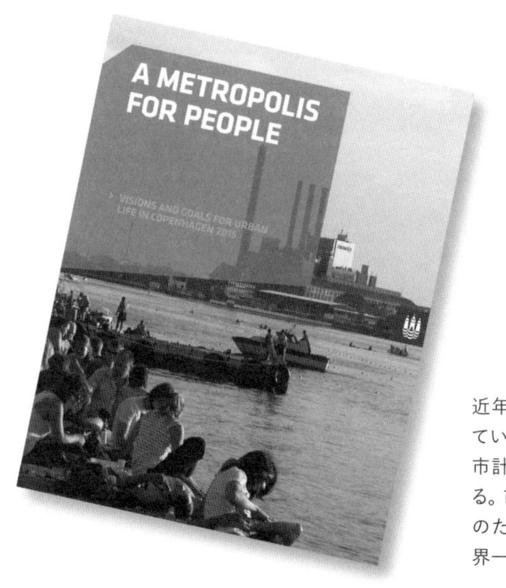

近年、コペンハーゲン市が継続的に公表している計画書では、公共アクティビティが都市計画の主要要素として取りあげられている。市議会の承認を受けた戦略文書『人間のための大都市』は、コペンハーゲンが世界一の人間都市を目指すと宣言している

ヤンと建築学院のチームは、人びとが街をどのように使っているか、新しい歩行者空間ネットワークがどのように受け入れられているか調査し、継続的に記録していた。こうした小さな調査が蓄積されて大きな研究成果を生み、1986年に『アーキテクトゥン』誌に発表された。これらの調査研究は、全体としてヤン独自の方法論――公共空間／公共アクティビティ調査――を示している。こうした調査のおかげで、コペンハーゲンは、人びとの都市空間利用を体系的に記録した世界初の都市になったのである。

1986年の調査によれば、主要な通りを歩いている人の数は1960年代と基本的に変わっていなかった。これらの通りの歩行者数は、歩行者街路になってすぐ容量いっぱいになっていた。著しく変化したのは、街路や広場に滞留し、そこで時を過ごす人びとの数であった。データが示していたのは、大幅に活気を増した都心の姿である。ヤンは、コペンハーゲンの中心市街地が一歩ずつ着実に人間中心の街に変わっていく様子を体系的に記録した。

1986年の調査は、「建築学院の研究者と市役所の政治家・都市計画家の緊密な協力を促進する触媒」になった［＊31］。市当局が公共空間に変更を加えるたびに、ヤンは学生や同僚の研究者とともに公共アクティビティの変化を調査・記録した。公共アクティビティ調査の成果をめぐって、長年にわたって多くのワークショップや会議が開かれ、街で起こっている変化について幅広い議論が展開された。市当局は、建築学院が発表する研究成果の裏づけを得て、人間重視の計画を推進することができた。このプロセスを通じて、建築学院は理論と根拠を提供し、市当局は「道を整備する」ための刺激と勇気を得ることができた。コペンハーゲン市の公共空間計画は、この協働のおかげで継続的な検証と改良を積み重ねることが可能になった。ヤンは、公共空間研

活動、スポーツ、遊びを重視する第3段階につくられた最も重要な新しい公共空間のひとつがイスランズ・ブリュゲ臨港公園である。そこには、港のなかに浮かべられたプールがある。長年のあいだに港の水質が大きく改善され、泳ぐことができるようになった

『歩く人』1968

『公共アクティビティ』1986

『公共空間／公共アクティビティ
——コペンハーゲン』1996

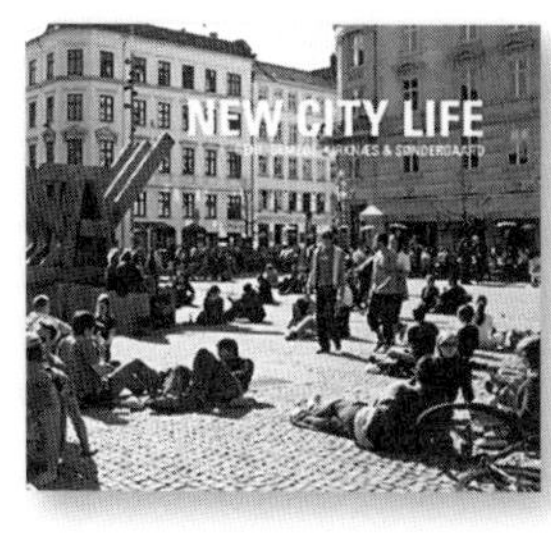

『新しい都市アクティビティ』
2006

コペンハーゲンの公共アクティビティに関する4つの主要調査が、1968年から2006年にかけて建築学院の研究チームによって実施され、その過程で徐々に市の公共空間政策に大きな影響を及ぼすようになった

究センター在職中に執筆した冊子のなかで、この関係を次のように説明している。「公共空間と公共アクティビティの調査は、人間重視の空間がどのような役割を果たすのか、それに伴って街の公共アクティビティがどのように発達するのかについて、理論を示しデータを集める。コペンハーゲン市の都市計画家と政治家は、この理論と研究成果を使い、議論し計画することができる」[＊32]。

政治家と市の計画担当者は、ヤンの仕事によって力づけられた。なぜなら、市内に魅力的な公共空間を提供する政策と事業に対してコペンハーゲン市民が満足していることを、彼の調査研究が立証したからである。この政治的成功によって、都市内の歩行者と公共アクティビティを重視する取り組みがますます促進され、それが現在までつづいている。

コペンハーゲンの調査研究は、その後、世界各地における研究のモデルになった。しかし、もともとは地域の人びとだけを念頭に置いた研究だった。それを推進したのは、人びとの都市空間利用に対する純粋な好奇心である。その後の展開が示すように、この過程を通じて、ヤンは世界中の都市に適用可能な処方箋を開発した。それは、都市を調査し、将来像を確立し、関心の度合いを徐々に高め、そしてとりわけ重要なのは、都市の専門家と政治家に人間都市の理念が実現可能であることを示し、さまざまな場面に彼らを参加させられることである。

公共空間／公共アクティビティ調査の目的は、人びとと彼らの公共空間利用を可視化し、これらの問題を都市計画の第一線に置くことである。ヤンによれば、それは「公共アクティビティと公共空間の相互作用を記録し……都市計画プロセスのなかで人びとと公共アクティビティに必要な注意が払われるようにする」ことを意味している[＊33]。

ヤンは、交通技術者が必ず自動車交通や駐車状況について情報を収集するのと

公共空間研究センター

建築学院の公共空間研究センターは、2003年にリアルダニア財団から構築環境研究の潤沢な助成金を受け、大幅に拡充された。リアルダニアは、センターが行っている人間尊重の都市計画研究を支援し発展させることが必要だと考えていた。このセンターでヤンは、国際性重視の考えに沿って、都市デザインの講義を英語で行い、世界各国から幅広い留学生を引きつけていた。

それはとても活動的な時期だった。センターは、2人の博士課程学生を含む10人の研究者を擁し、「建物との密なる遭遇」[*34]や「通過か滞留か 2006」など、多くの研究を実施していた。センターが取り組んでいた重要な研究プロジェクトは、これまで40年にわたって10年ごとに公共アクティビティを記録してきた類例のない伝統を引き継いで、コペンハーゲンにおける最新の公共空間／公共アクティビティ調査を実施することだった。この調査結果は『新しい都市アクティビティ』(ゲール、ゲムスー、カークネス、セナーゴールト共著、2006年)として出版された(第5章参照)[*35]。

センターは、これらの活動の合間を縫って、公共空間と公共アクティビティに焦点をあてた多くの科目、セミナー、ワークショップを行い、それらに加えて2つの大きな国際会議——「ウォーク21：人間の街」2004年、「公共空間／公共アクティビティ」2006年——を主催した。

2006年、3年間センター長を務めた後、70歳になったヤンは、国家公務員の定年規定に従って建築学院を退職した。この時点で、建築学院内から選ばれた後任センター長は、活動の重点を人間指向の研究から形態指向の研究、特に景観デザイン関連の研究に移すことを考えていた。その結果、リアルダニア財団は、「人間研究」の目的で特別に提供していた基金を撤収した。この騒動のなかで、学生と研究者の多くがセンターを去り、そのころまでに体制を整えていたゲール・アーキテクツに移籍した。それは事務所にとって大きな成長の力になり、研究業務とコンサルタント業務を併せて実施することができるようになった。

2006年の退職直後、送別会におけるセンター職員の集合写真。ヤンは、この仲間をよく「ドリームチーム」と呼んでいた。それは数年間をかけて入念に編成されたものである
前列左から：櫻井藍、ヘーレ・ユール、ソフィー・アンダーセン、ヤン・ゲール、カミラ・リヒター＝フリース・ファンデュース、ブリット・セナーゴールト、シア・カークネス。後列左から：ソルヴェイ・ライスタット、ロブ・アダムス、スザンヌ・アンダーセン(メルボルン市からの客員研究員)、ハヴィエル・コルパラン、ラース・ゲムスー、研究生、ミッケル・ミンデゴールト＝ムラーツ

エッジ——建物と街の接点

おしゃべりのために立ち止まる

出入りする

脇を歩く

脇にたたずむ

そばでひと休みする

戸口にたたずむ

店先で買い物をする

建物と関わる

陳列品を眺める

『建物との密なる遭遇』は、センターが手がけた主要研究であり、2004年に出版された。この研究は、公共アクティビティと1階前面との多くの相互作用を調べている。このページに掲載したのは、人と建物との12種類の遭遇である

腰掛ける

壁際に座る

のぞき込む／外を眺める

ヤン・ゲールと仕事をする

カミラ・リヒター＝フリース・ファンデュース
博士、ゲール・アーキテクツ共同経営者

建築学院で、プロジェクトづくりと発表の仕方に関して人間に言及するのを初めて耳にしたのは、ヤン・ゲールの授業でのことだった。もともと、この授業は都市デザインの分野に直接関連するものではなかった。しかし、そこにはヤンの教育に対する考え方が典型的に示されていた。彼は、プロジェクトの内容を練るのと同じくらい、プロジェクトを理解してもらうことが必要不可欠だと考えていた。ヤンは、この授業で人びとと構築環境の相互作用に関する彼の理論を紹介し、さらにスヴェン＝イングヴァル・アンダーソンの第4法則に基づいて、教室における教師と学生の動的相互作用を説明した。「必ず予想聴講者数より小さな講堂を予約しなさい。そうすれば、彼らは教室に入れただけ運がいいと感じ、壁際で立ち見しながら次回はもっと早く来ようと思うだろう。そして、君たちを素晴らしい講師だと確信するだろう」。ヤンは、この例を使って、居心地がよく人間的スケールに合った公共空間をデザインするには、空間の大きさを必ず少し小さめにする必要があると説いた。彼の講義は魅力的で心に残るものだった。彼は、2台のプロジェクターと豊富な逸話を駆使して、人間の基本的な社会的欲求、傲慢な（男性）モダニズム建築家、街路で繰りひろげられるアクティビティの個人的観察について話してくれた。

翌年、私はこのよくわからない「都市デザインというもの」をもっと知ろうと思い、都市デザインの大学院に進学した。私がそれまで所属していた建築建設学科の級友や教員たちは、それを最悪の進路変更だと言っていた。私たちは都市デザインがよくわからなかった。ネオモダニズム、日本の建築、ハイテク建設技術が全盛の時代に、私たちの誰もが建築そのもの以外の何か——都市的領域、社会関係と社会問題、都市計画課題などの統一体——に関心を寄せていた。ヤンは、学科の結束の要であり、個人的な悩みを抱えたときに愚痴を聞いてくれる頼もしい人物だった。もっとも、いつもそばにいてくれたわけではない。彼は、会議に出席したり、客員教授をしている多くの大学のどれかで講義をしていたりと、頻繁に世界を駆けまわっていた。しかし、私たち都市デザイン学科の学生にとって、ヤンの国際的な人脈は大きな恩恵のひとつだった。ほとんどの教授が英語で授業をしようとは夢にも思わなかった時代に、私たちの学科は、建築学院で最も多い外国人学生を抱え、国際的で活気にあふれた教育環境に恵まれていた。ヤンは、グリーンランド、フェロー諸島、アイスランドからの留学生に特に心を配っていた。彼は、これらの地域の都市開発に深く関わり、地元の文化・歴史・景観・風土と調和した地域的建築・地域的計画の必要性を強く説いていた。実務研究を計画するとき、ヤンはいつもこう言っていた。「地球上のどんな場所で研修をしたいと言っても、実現させてあげよう」。そして、ほとんどの場合、そのとおりになった。彼は、幅広い国際的・学術的ネットワークに学生たちを積極的に参加させ、こうした人脈を次の世代の学者や若手専門家に惜しみなく分け与えてきた。こうした度量のおかげで、現在、多くの彼の教え子が海外で働き、生活している。

ヤンは、自分の研究、著作、記録映像に必ず学生を参加させた。私たちは、街角に立って歩行者を数え、『公共空間/公共アクティビティ』や『新しい都市空間』に収録する図版のために街と公共空間の無数の図面を描いた。研究はこのように活気に満ちていて、研究室の閉ざされた扉の奥で行われる理論一辺倒の課題ではなかった。私たちから見たヤンは、学生のことを考え、都市デザインを専門職として確立することに心を砕いている教授だったが、それと同時に、ユーモアと機知にあふれた人格者という印象を与えていた。

私は、都市デザインの大学院を修了した後、2003年まで景観デザイナーとして仕事をつづけた。その年、ヤンはリアルダニア財団から助成金を受け、公共空間研究センターを設立することができた。彼は、教え子に対してとても義理堅かった。ソルヴェイ・ライスタット、ロッテ・ケイファー、シア・カークネスと私が、建築学院のセンターに参加し、ヤンの長年の友人であり仕事仲間であったラース・ゲムスーとともに、研究開発を手伝うことになった。彼の尽力で、センターには博士号保有者のための定員が2名分用意され、そこでビアギッテ・ブンデセン・スヴァアー―『パブリックライフ学入門』の共著者――と私が、郊外住宅地と新規集合住宅地における公共アクティビティの研究に従事した。それは、ヤンが『建物のあいだのアクティビティ』で着手した研究を引き継ぐものだった。

センターの精神は胸躍るものだった。私たちは、国際会議、書籍の出版、外国からの客員研究者に取り巻かれていた。しかし、残念なことに、建築学院内の他の教職員や学生との交流がきわめて少なかった。5年後にはセンターが閉鎖され、私を含めたすべての研究者が民間――私の場合はゲール・アーキテクツ――に移り、建築学院にはヤンの40年の研究業績も都市デザインの領域もなにひとつ痕跡が残らなかった。それはヤンをひどく落胆させたに違いない。

ニューヨーク、シンガポール、シドニー、メルボルン、ロンドン、ルブリン、カリーニングラード――これらは、私がゲール・アーキテクツ在籍中にヤンと仕事をしたプロジェクトの一部である。彼は、包括的な政治戦略から報告書の誤字訂正や図版決定まで、自分が関与しているプロジェクトに常に気を配っている。そして、比類のない話術の才を実際のプロジェクトでも発揮し、『人間の街』の目標を常に堅持しながら、プロジェクトを適切かつ魅力的なものに仕上げてきた。

ヤンの素晴らしい励まし、彼の変わることない信頼は、私の人生の決定的要因だった。私が大学院生だったときも、若手研究者だったときも、ゲール・アーキテクツの建築家だったときも、ヤンはいつも「最高のチームを派遣します。私ができることはなんでも、彼女ならもっとうまくやります」と言ってくれた。もちろん、彼は誰についても同じことを言っていたので、それは事実とは大違いだった。しかし、世界のどこかで身のすくむような状況に直面しようとしている若い専門家にとって、それは何にも代えがたいものだった。ヤンの最高の贈り物は、私が専門的確信を持って、また謙譲とユーモアをもって、人びとに語りかける資格を持っていると感じさせてくれたことだった。ヤン・ゲールに出会って20年近くになるが、いまも私はこうした大切な教訓を胸に刻んでいる。

コペンハーゲンをいっそう緑豊かで人にやさしい街にする戦略の一環として、多くの幹線街路が4車線（左）から2車線（右）に改修され、自転車レーン、街路樹、中央分離帯が設けられた

同じように、各都市が歩行者と公共アクティビティについて情報を得ることが大切だと力説している。歩行者と公共空間利用に関する情報は、当時、利用可能な体系的方法では収集されていなかった。そのため、公共空間の利用者について計画家が利用できる総合的情報はほとんど存在していなかった。ヤンは、「歳月の経過とともに、コペンハーゲンやメルボルンに見られるように、多くの都市でこの状況に変化が生じた。しかし、大多数の都市では、この種の情報が未収集のままである」と述べている。これは、政治家、市民、交通計画者などと議論するとき、人間重視の公共空間が持っている価値を説くための根拠資料が存在していないことを意味している。

ヤンの最初の調査の根底にあったのは、空間の使われ方に関する次の3つの問いであった。

公共領域ではどのような活動が行われているのか？

誰がどのように空間を利用しているのか？

建物と公共空間の物理的配置が、活動パターンと個々の利用者の行動にどのように影響を与えているのか？[＊36]

ヤン自身が言っているように、それは「野心的目標」ではなかった。むしろ、「毎日のアクティビティ、ありふれた場面、日常生活の舞台になる空間」を記録し、それを「注意と努力」の第一線に置こうとしたのである[＊37]。

公共空間／公共アクティビティ調査は、ヤンの2013年の著書『パブリックライフ学入門』（ビアギッテ・スヴァアとの共著）によれば、街路のアクティビティという「絶えず変動する現象」をありのままに捉えることに重点を置いている[＊38]。著者が説明しているように、「アクティビティは天気と同じように予測することが難しい。ただ、天気に関しては、気象学者が予測手法を開発している」[＊39]。コペンハーゲンの初期の調査から導かれた重要な発見のひとつは、アクティビティが実際には多くの人たちが思っているよりはるかに予測可能であり、「すべての都市がかなり一定した日々のリズムを持っている」ということである。

公共空間／公共アクティビティ調査は、その後の開発と改良を経て、次の3つの部分から構成されている。

公共空間分析：公共空間の質と物理的状態――しばしば場所の問題点や可能性を浮き彫りにする。これには、既存公共空間、歩行者の基盤施設、公共空間の潜在的な快適さ・楽しさ（空間の質）の調査が含まれる。また、交通状況、交通と歩行者の軋轢、街の歩きやすさ、さらに公共領域で時を過ごすための条件などの分

脇道が表通りと交差するところでは、歩道と自転車レーンは高さを変えず、一種のハンプのように脇道を横切っている。ヤンは、孫娘のラウラが車道を横断しないで通学することができるので、この解決法に大いに満足している

析が含まれる。

公共アクティビティ分析：公共空間の利用現況――公共空間における歩行者活動と滞留活動の水準（空間利用）、公共空間利用者の特性などの調査を含む。これには、歩行者数、活動の数と持続時間、これらの水準の季節による変化、一日・一週間・一年を通した変化の観察調査が含まれる。

まとめと勧告：これは、上記の分析に基づき、「街を使う人びとの状態を改善するために何をすることができるか」という課題に答えることをめざす。

まとめと勧告は初期の調査研究には含まれていなかった。なぜなら、それらの研究は純粋に学術的なものであり、人びとによる都市の利用方法について知識を得るために実施されたからである。その後、研究の使命が学術的な実態調査から（ゲール・アーキテクツのような）都市計画コンサルタントの仕事の一部に変わると、勧告がつけ加えられただけでなく、それが実施目的になった。

公共空間／公共アクティビティ調査 1995〜96

1995年、コペンハーゲンにおける最初の一連の調査から30年近くを経過して、ヤンは、ラース・ゲムスーや建築学院のチームと新しい広範な公共空間／公共アクティビティ調査に着手した。この調査も学術研究プロジェクトとして実施され、『公共空間／公共アクティビティ――コペンハーゲン1996』として出版された［*40］。この本は、ストロイエが歩行者街路になった1962年から1995年まで、コペンハーゲンで実現した改善点を明らかにしている。

この研究は、コペンハーゲンの革命的変革を可能にしたのが、都市内の公共空間を少しずつ改良していく段階的・漸進的プロセスであったことを浮き彫りにした。この安定した移行のおかげで、都市利用者は順応のための時間を持つことができた。この期間に、歩行者空間の面積は1万5800平方メートルから9万5750平方メートルへと、6倍以上に拡大した。1992年に行われたストラーデの歩車共存街路化は、完全な歩車分離から各種交通手段の共存への転換を示すものであった。この歩行者優先街路では、すべての交通手段の乗り入れが可能だが、歩行者が最優先される。自動車は進入可能だが、徐行しなければならず、街路が短い一方通行区間に分割されているので、通り抜けはできない。通りには、街路敷地内にたくさんのカフェが店を出している。このため、店先まで車を寄せることができるが、通過交通はほとんどない。

どの変化に対しても、一般市民の反応

街路アクティビティの条件を改善する目的で歩道拡幅計画が導入されている区間もある。人びとは日当たりのよい北側の歩道を歩くことができる

南向き歩道の拡幅には良質な素材が使われ、入念に仕上げられていて、人びとのさまざまな活動に場所を提供している

> コペンハーゲンでモニュメントをお探しなら、空を見上げないでください。あなたのまわりにある通りに目を向けてください。私たちの最大のモニュメントは動きです。たくさんの、絶え間ない、リズミカルな、等身大の財産です。自転車に乗ったコペンハーゲンっ子の尽きることない流れは、人の力による交響曲であり、40年かけて育てあげられたものです。世界中を見渡しても、朝のラッシュアワーがこれほど詩的な動きで彩られている場所はほとんどありません。
> （『自転車乗りの街――コペンハーゲンの自転車生活』コペンハーゲン市 2009）

はきわめて肯定的であった。コペンハーゲンでも、車両交通を抑制し、歩行者の利用しやすさを向上させる対策は、実現が容易でなかった。しかし、改善がいったん目に見えるようになると、多くの場合、人びとはその結果に満足した。コペンハーゲンの市民は、自動車利用者にとっては不便だが、中心市街地が年を追って魅力的になっていると考えていた。「この2つの因子は互いに完全に均衡を保っている。なぜなら、10年前、20年前、30年前と同じ数の人びとがいまも中心市街地を訪れているからである」[*41]。街路はずっと前から歩行者でいっぱいになり、最近はますます賑わっている。

調査結果を見ると、いろいろな改善が加えられてきたが、街を歩いている人の数は比較的安定していた。当然のことながら、冬と夏ではある程度の違いがあるが、全体としてみると1968年の調査と大きな違いがない。しかし、街路と広場で時を過ごしている人の数は3.5倍になった。これは、歩行者活動のために確保された空間の面積増加率と同じである。ヤンとラースは、「コペンハーゲンが歩行者利用のための空間を14平方メートル追加するごとに、新しく1人の利用者がやってきて、腰を落ち着けて街を楽しんだ」と結論づけている[*42]。

1988年以降、コペンハーゲンにおける公共アクティビティ調査とそれが市の政策に及ぼす影響に対して、国際的な関心が年を追って高まった。同様の調査をしてほしいという最初の要請を行ったのは、ノルウェイの首都オスロである。この調査は1988年に学術研究として行われ、そのため提言は含まれなかった。次に支援を求めてきた都市は、スウェーデンの首都ストックホルムであった。この調査は1990年に実施され、ヤンがコンサルタントとして個人的に手がけた最初の事例になった。また、人間中心の都市をつくるために何をすればよいか、その提言を含んだ最初の調査でもあった。こうした国際的挑戦を行うなかで、ヤンは、建築学院の研究者としての仕事を次第に非常勤の立場で担当するようになり、2000年に個人的実務の場であるゲール・アーキテクツを設立した（第6章参照）。

「おめでとう――世界で最も住みよい都市コペンハーゲン」「モノクル」誌による2013年都市ランキングを祝うコペンハーゲン地下鉄の掲示板

自転車文化を確立するには安全性がきわめて重要である。コペンハーゲンでは、自転車利用の安全、特に交差点での安全を高めるために多くの努力が払われてきた。自転車専用の信号と青く塗られた自転車横断帯は、こうした戦略の一部であり、自転車利用の着実な増加に貢献している。2015年には、通勤・通学に自転車を利用している人の割合が45％に達した

公共空間／公共アクティビティ調査 2005

2005年の調査は、中心市街地がレクリエーション活動——友人と会う、周囲の様子を眺める、見物する、のんびりコーヒーを飲むなど——の目的地として重要性を高めていることを明らかにした。日曜日（ほとんどの商店が閉店している日）に中心市街地にいる人の数は、1995年から2005年にかけて78％増加した。オープンカフェの席数は47％増加した。1995年に1900台分あった市内の路上駐車スペースは、2005年には20％減の1520台分になっていた。1999年から2004年にかけて市民の自動車保有率は11％増加していたが、それでもこうした削減が実現したのである。

この調査は、観光・企業・文化諸団体の幅広い協力を得て、市と協力して実施された。また初めて、中心市街地だけでなく、市内全域を対象にして調査が行われた。

2005年の調査以降、公共空間／公共アクティビティ調査は、交通調査と同じようにコペンハーゲン市の経常的業務の一部になった。ヤンにとって、これは「理念をめぐる闘い、そして市の支出をめぐる闘いにおける勝利」である。各都市は、自動車の市街地利用を定期的に調べている。彼は、それと同じように、すべての

市が公共アクティビティ調査を実施すべきであると考えている。

コペンハーゲン市では、2005年までに、16kmのトンネルと橋でスウェーデンのマルメとのあいだを結ぶエーレスンド橋の建設、最初の地下鉄路線（2002年）の開通、大規模なオペラ劇場（2004年）を中心にした新しい湾岸地区の開設など、いくつかの主要基盤プロジェクトが完成した。さらに市は、こうした大きな変化と並行して、自転車利用施設の拡充と公共空間の拡張に継続して取り組んできた。1962年にストロイエが最初の歩行者街路に改造されて以来、都心部では歩行者専用空間と歩行者優先空間のネットワークが徐々に拡大し、周辺の住宅地区では多くの新しい広場と公園が建設された。

『人間のための大都市：2015年のコペンハーゲンにおける都市生活のビジョンと目標』（2009年）をはじめとする市の計画文書を見ると、ヤンがこの街にきわめて大きな影響を及ぼしていることがわかる［*43］。物の見方に対するこうした総合的影響は、デンマーク政府の最近の建築政策──『人間を第一に』という表題で2014年に改訂──にも反映されている。市は、コペンハーゲンが「世界一の人間都市」でなければならないと述べている。この政策は、街の公共アクティビティ増進が必要な根拠を示し、コペンハーゲン市が質の高い公共空間を創出する方法と、これらの空間を人びとが有効に利用できるようにする方法を提示している。また、空間と利用の変化を測定する方法も示している。この政策を受けて、2009年以来、優良事例ガイド（2011年）をはじめとする関連文書が公表されている。政策の成果については、隔年刊の『都市アクティビティ評価』が都市アクティビティと公共空間利用の動向を観察し、追跡評価を行っている。この報告書には、街を歩いている人の数、歩行者が感じている安全度と満足度、公共空間の利用（特に公共空間における滞留時間）など、都市の質を示す指標について測定結果がまとめられている。さらに、2013年の報告書は、子供の視点から見た街の利用調査結果を盛り込んでいる［*44］。

人びとがどのように公共空間を利用しているのだろうか。1966年にこうした好奇心から出発したものが、時を経て、市の政策、また「人間を第一に」というデンマークの国家政策に発展した。そして、コペンハーゲンは人間中心の取り組みを追い求める研究室になった。

まとめ

この時期のヤンは、コペンハーゲンを実験室・試験場として利用し、彼の方法論を確立・定着させ、公共空間／公共アクティビティ調査を組み込んだ公共空間デザインに多くの人びとを巻き込むことに力を注いでいた。また、彼はこの時期に学界からコンサルタント業界への転身を果たした。彼の調査は、人びとが街の公共空間と一体化したいと望んでいることを例証し、都市の住みやすさ、持続可能性、健全性にとって人間重視の街づくり政策が重要であることを実証した。

国家戦略として人びとを最優先する

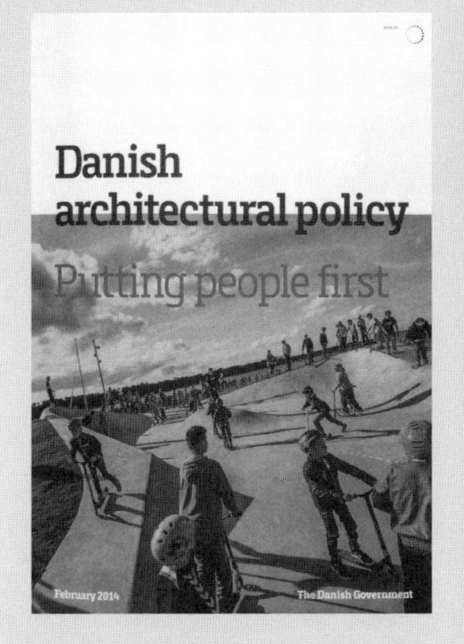

人間重視の建築と都市計画が、50年にわたって研究され、記録され、議論されてきた。いまでは、この考え方がコペンハーゲンだけでなくデンマーク全土にしっかり根を張っている
上左：デンマークの建築政策は2014年に改訂され、『人間を第一に』という新しいタイトルで公表された
上右：愛読書『人間の街』を読むデンマーク文化大臣（2011～2015）マリアンヌ・イェルヴ（文化省のウェブサイトから）
下：2011年、デンマークの新大臣たちが、女王から任命を受けるため自転車で王宮に到着した

コペンハーゲンへのヤン・ゲールの影響

クラウス・ボンダム
コペンハーゲン市 元都市計画長官（2006〜2009）

1992年、私は高等学校を卒業してコペンハーゲンにやってきた。そのころのコペンハーゲンはうらぶれた街だった。貧弱で不活発で薄汚れていて、あまり魅力的でなかった。住民の多くは、郊外に引っ越すお金を持ってない高齢者と、引っ越すだけの経済的余裕ができるのを心待ちにしている学生だった。しかし、何かが変わりはじめていた。私は、それがコペンハーゲンがヨーロッパの文化首都になった1996年のことだと思っていた。私たちは、突然、自分の街の宝物に気づき、公共空間を使っていろいろな活動、催し物、人間観察、また都市特有の魅力的なことを行えるようになった。私たちは街路や広場に繰りだした。そして、この街に恋をした。私の両親は、郊外住宅地に引っ越していた。しかし、私は同世代の多くの若者と同じように街に留まることを選んだ。私はこの街で専門職に就き、家族を持った。同世代の多くの若い都市住民と同様に、私には自家用車を買う余裕がなかった（幸いなことにデンマークでは自動車税がひどく高い）。どこにでも自転車で行った。私たちの街の本当の宝物は、私たちが時間をかけて都市生活つくりあげてきたこと、そこで人びとを眺め、彼らに出会い、目と目を見交わして語りあえることである。一日のほとんどの時間帯に街並みのなかにたくさんの人びとがいるので、それが街に安心感を生みだすとともに活気を与えている。私はそれに気づいた。私たちは、人びとが車窓の陰に隠れていない街、四季を感じることのできる街、多くの人びとが毎日歩いたり自転車に乗ったりして、活発に身体を動かすことのできる街をつくる活動を通じて成果をあげていた。

私は2002年に市議会議員に当選し、2006年に都市計画長官に任命され、4年間その職を務めた。コペンハーゲンは、2009年に国連の気候変動枠組条約締約国会議（COP15）を主催したが、その準備期間は、都市生活と住みよさを含む環境問題について市の政策を練りあげる好機だった。私は妻が環境デザイナーなので、ヤン・ゲールと彼の研究のことを知っていた。また私は「本物」の建築家のなかには、建物のあいだのアクティビティに関するヤン・ゲールの言動を快く思わない人びとがいることも知っていた。それは、福祉国家の近代建築家の美学や明快で鋭い直線や合理性とうまく馴染まなかった。人びとやその衝動的行動——また、それによって支えられている都市アクティビティ——に関する研究は、近代建築家にとって無意味で、彼らの計画に似つかわしいものではなかった。

私自身は俳優の訓練を受け、芸術的経歴を持っているので、この人間に照準を合わせた視点が大好きだった。私にとっては、街の人びとの自発的な幸福と満足が政策立案の本質的要素である。そこで

私はヤン・ゲールを市役所に招き、すぐに意気投合した。人間の行動に同じように関心と愛情を注いでいる人がいた。私は、人びとが互いに見交わし、出会うことができれば、参加と統合、さらに革新の共通基盤ができると信じている。彼はこの信念を共有していた。コペンハーゲン市は、都市生活と住みよさに関する新しい（おそらく本市初の）政策立案のためにヤン・ゲールとゲール・アーキテクツをコンサルタントに任命した。この政策は「人間のための大都市」と名づけられ、2009年に市議会で承認された。

それは、「すべての人に、より多くの都市生活を」「より多くの人に、より多くの歩行を」「より多くの人に、より長い滞在を」という3つのテーマを掲げている。その理念は、「日常的な都市生活を最優先したうえで、同時に秘密、奇抜さ、はかなさなどが開花する可能性を生みだそう」というものであった。「そのため私たちは、一年中24時間を通じて多様な都市空間と都市活動を享受できる都市アクティビティを提供したい」。私たちは、「都市アクティビティのなかには必要性に迫られたものがある」ことを理解していた。「私たちは、街の配置や設備がどうであれ、買い物をし、子供を連れていき、仕事に出かけ、家に帰らなければならない。一方、すべての楽しいこと、街での気晴らし、意味ある体験、個人的娯楽、自己表現などは、満足できる場所でなければ起こらない。そのため私たちは、日常的な暮らしや移動の場所だけでなく、都心部や新しい市街地にも、より多くの人がより長く時を過ごせる広場・公園・街路・水辺をつくりたい」。

私たちは、毎年測定評価することができ、新しい取り組みに示唆を与えてくれる具体的目標を設定した。

「人間のための大都市」とコペンハーゲンの都市政策へのヤン・ゲールの深い関与のおかげで、私たちの街は新たな高みに達することができ、経済成長と矛盾せずに持続可能な人間中心の開発が可能であることを示す事例になった。この事例は、現在にいたるまで世界中の多くの都市に示唆を与えつづけている。

ヤン・ゲール（とゲール・アーキテクツ）のおかげで、良好な都市生活を創造するという課題と難問は、今日、コペンハーゲン市のすべての関連政策のなかに完全に統合されている。

また私は、現在、デンマーク自転車連盟の事務局長としてヤン・ゲールと良好な協力関係を持ち、意見を交わせることを幸運に感じている。彼は、私と同様に熱心な自転車愛好家であり、ゲール・アーキテクツも、デンマーク自転車大使館の重要メンバーとして世界的に有名である。安心安全で整備の行き届いた自転車にやさしい環境のなかでの自転車利用は、良好で持続可能な都市生活——人間の街——の不可欠な要素である。

長年にわたって、コペンハーゲンでは自転車レーンの混雑が大きな問題になってきた。この問題を緩和するために多くの手段が講じられた。多くの自転車レーンが拡幅され、自転車レーンを補完するために、公園や廃線になった線路敷きを利用して新しい「救援」自転車道が設けられた。しかし、自動車が多すぎることに比べたら、自転車利用者が多すぎるのはそれほど問題ではない

Robinhood
loves

5

物の見方を変える

物の見方を変える

公共空間、都市の過ごしやすさ、街における社会的交流に関するヤンの先駆的業績は、都市をめぐる現代思潮の最前線に立っており、街路環境や近隣地区のプロジェクトと政策指針のかたちで彼が果たした幅広い貢献は、世界中の多くの人びとにとって発想の源と出発点になっている。

——ダイアン・デイヴィス、ハーバード大学大学院デザイン研究科
都市計画・デザイン専攻長（2016）

ヤンは、長年の経歴のなかで、研究・教育からコンサルタント業務まで、さまざまな活動に携わってきた。彼は、どの活動を最重要視しているのかと質問されることがよくあった。コペンハーゲンと世界中で数えきれないほど多くの学生を教えてきた40年間なのか？　世界中の大学、専門機関、会議、集会での講演や発表なのか？　雑誌論文、取材記事、ラジオ、テレビ、記録映画なのか？　それとも、いろいろな都市で研究成果を現実のプロジェクトに応用した仕事なのか？

これらの活動は、どれもヤンにとって重要であり、学生・専門家・政治家の物の見方を変えるのに貢献してきた。しかし、彼は躊躇なく、関わってきたすべての活動のなかで最も重要なものとして6冊の著書を挙げるだろう。1971年の『建物のあいだのアクティビティ』から2013年の『パブリックライフ学入門』にいたるまで、彼の著書は、世界各地での研究・経験・事例が蓄積され、人間本位の建築・都市計画の実践方法として総合化されるにつれて、拡充され深化してきた。また、これらの著書は、人間的デザインに立ち戻る都市の事例が増えるにつれて、希望がふくらんできた道筋をも示している。

これらの著書を特徴づけているのは、簡潔で分かりやすい言葉と、文章と図版の用意周到な融合である。「物語をはっきり伝えて」いない写真は、ただの一枚も収録されていない。こうした構成をとることによって、専門外の読者や異なる文化に属する読者でも、彼の著書を容易に理解できることが広く確認されている。彼の著書は、複雑な人間行動や都市計画決定の結果を、明確かつ平易に、そしてしばしば上品なユーモアを交えて、描写し伝えてくれる。

これらの著書は、それぞれ異なる目的を持っている。『建物のあいだのアクティビティ』や『人間の街』は、公共空間のアクティビティが物理的環境にどのように影響されるのか、それに関する基礎的研究を扱っている。『新しい都市空間』や『新しい都市アクティビティ』は、社会の変化に伴って公共空間や公共アクティビティが発展していく様子を扱っている。『公共空間／公共アクティビティ——コペンハーゲン1996』は、1962年と1996年のあいだにコペンハーゲンの空間と公共アクティビティが発達してきた経緯を明らかにし、現代都市で公共アクティビティを調査する方法を示している。ヤンの最新作『パブリックライフ学入門』では、この主題が更新され、調査手法として体系化されている。そこでは、数十年にわたる研究を通して開発された方法が紹介され、人びとと構築環境との相互作用を調べる方法として、より幅広い文脈のなかに位置づけられている。

これらの著書は、全体として、理念の展開とそれを物理的構築環境に適用して変化を生みだしてきた物語の証人になっている。それはひとつの遺産である。6冊の本は、世界中で前例のない関心を集めてきた。1987年に『建物のあいだのアクティビティ』が英訳されて以来、これらすべての著書——特に基礎的研究をまとめた2冊——は世界の隅々にまで浸透していった。

これらの著書は35か国語以上に翻訳されており、いまも世界のどこかで新しく店頭に並びつづけている。世界各国で出版されたヤンの著書は、20万部にのぼると推定される。

「私はいつも物の見方を変えることの方に関心があった。街はほかの誰かが変えてくれる」
——ヤン・ゲール[*45]

チームワーク

『建物のあいだのアクティビティ』はヤンの単著だったが、それ以降の著作はすべてチームで進められた。これは、ヤンの気質や作業スタイルによく合っている。彼のチームの筆頭は建築家ラース・ゲムスーである。ラースは、1978年にデンマーク王立芸術大学都市デザイン学科に講師として参加し、親密な研究仲間、さらにその後の著書の共著者になった。

ラース・ゲムスー

『新しい都市アクティビティ』の執筆チーム：ヤン・ゲール、ラース・ゲムスーと並んだシア・カークネスとブリット・セナーゴールト

2006年には、ヤンとラース、それに建築家シア・カークネスとブリット・セナーゴールトの共著で、『新しい都市アクティビティ』が公共空間研究センターの成果の一環として世に送りだされた。

『人間の街』の場合、表紙にはヤンの名前しかないが、中扉の裏には経験豊富な協力チームの名前が列記されている。デンマーク語版が出版されたときには、チーム一同がデンマーク建築センター前に集合して記念写真（97ページ参照）を撮影した。

『パブリックライフ学入門』は、ビアギッテ・スヴァアとの緊密な協力によって生みだされた。彼女は、コペンハーゲン大学で現代文化を学んでおり、チームでの仕事によって建築学院から都市デザインの博士号を授与された。

ビアギッテ・スヴァアとヤン・ゲール

建物のあいだのアクティビティ（1971、1987、2011）

ヤン・ゲール

『建物のあいだのアクティビティ』は、1971年にコペンハーゲンの王立芸術大学建築学院からデンマーク語で出版された。それは、現在の言葉でいえば博士論文と呼ぶべきものだろう。しかし、当時の見方では、市街地と住宅地における屋外空間利用を調べたヤンの4年間の研究成果をまとめた書物であった。

それは、100ページの本文と100ページの図版からなるペーパーバックの小型本だった。表紙には、いかにも1970年代的な情景——陽気な路上パーティ——を撮った写真が載っていた。

この本は、建物のあいだのアクティビティに目を向けて、公共空間における活動の実態を紹介し、実例を通して公共アクティビティが物理的環境に大きな影響を受けることを示している。そして、このアクティビティがいろいろな時代にどのように展開してきたのか通観し、モダニズムの計画原理が建物のあいだのアクティビティに水を差し、それだけでなく妨げさえしたことを厳しく批判している。第2部では、モダニストによって切り捨てられた——そして再発見すべき——街づくりの手法を参照しながら、街路づくりの手法に目を向けている。さらに、こうした手法の前提条件、特に私たちの感覚の働きについての理解を詳しく説明し、モダニズムの計画原理のいくつかを、たとえば分散ではなく集中、隔離ではなく統合といった具合に逆転させる。これらの原則は、どれも都市計画と敷地計画に関連するものである。しかし、ヤンはそれと同時に、人間の尺度での処理がきわめて重要であることを力説している。都市の質をめぐる闘いは人間的スケールで勝敗が決まる。歩いたり、立ち止まったり、座ったり、見たり、聞いたりするために、よい条件を提供しなければならない。この本が最終的結論として強調しているのは、建築が持っている社会的次元の重要性である。すなわち、何かを建設することは社会的活動のパターンに影響を与えることにほかならないという事実を理解することの大切さである。

『建物のあいだのアクティビティ』の初版は、45年の歳月を隔ててみると、モダニズムを批判し、それが生みだしたプロジェクトを実際に利用した人びとの目を通して、この計画思想の欠陥を論じ

> ……思慮深く、美しく、啓発的……
> 『建物のあいだのアクティビティ』に対するジェイン・ジェイコブズの言葉

> ……その間にヤン・ゲールのメッセージはいっそう煮つめられ、ここでは時代を超えた真理に近づいている。
> ラルフ・アースキン 1987
> （英語版への序）

1971年：デンマーク語版初版

1987年：改訂版および初の英語版

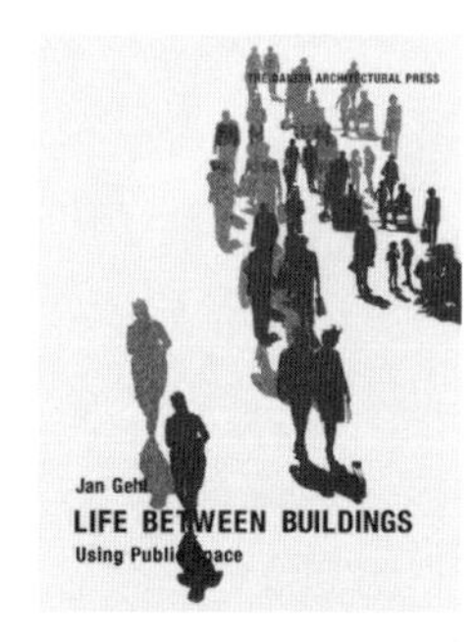

2011年：米国アイランドプレス社による第7版

『建物のあいだのアクティビティ』で提示された3種類の公共アクティビティ——必要活動、任意活動、社会活動。
都市の質と活動類型の相関を示す模式図を見ると、重要な任意活動と社会活動が人びとを取り巻く環境の質に大きく左右されることがわかる

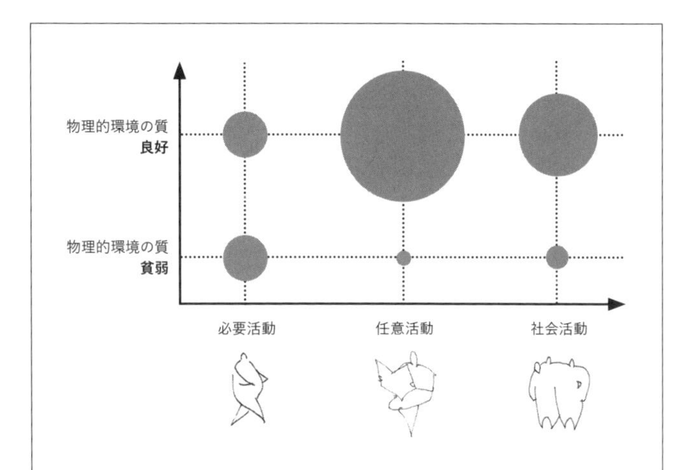

ることに力を注いでいる。建物のあいだにおける人びとのアクティビティが間違いなく最も配慮すべき重要な課題であることを、この本は人びとに認識させる役割を果たした。

『建物のあいだのアクティビティ』は、最近の博士論文と大きく異なる方法を採っている。そこには他の研究者や他の視点への言及がほとんどない。それは、ひとつには参照すべきものが当時あまりなかったためであり、またそうしたやり方がこの研究の流儀ではなかったからである。この本は、もっぱらヤン自身の観察と考察に基づいている。研究としては、独学者——観察の訓練は受けているが、研究技法の訓練は受けたことがない建築家——の仕事である。それは、当時は建築研究の黎明期であり、研究の伝統が存在していなかったことの反映でもある。

『建物のあいだのアクティビティ』が出版された1971年は、構築環境の質をめぐる議論が活発化しはじめた時期であり、この本はすぐにデンマーク国内で大きな評判を呼んだ。同書の売上げは短期間で約1万部に達した。これは、学界や専門家の世界を超えて関心が広まったことを示している。ヤンが述懐しているように、「この本を買ったのが建築家だけだったとしたら、当時のデンマークの建築家は幸せなことにそれぞれ4部ずつを手にしていたことになる」。

「建物のあいだのアクティビティ」という言葉は、すぐにデンマークでごく一

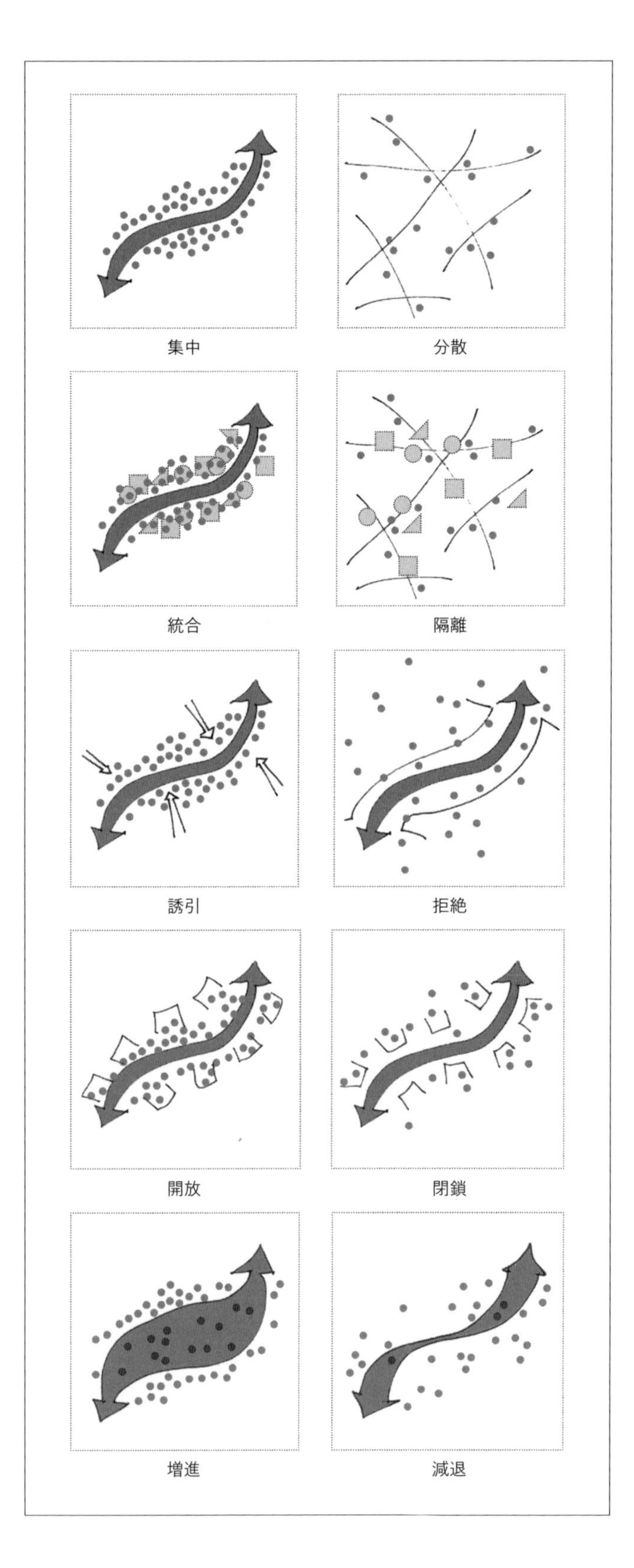

建物のあいだのアクティビティを強化する重要条件を示した模式図。左の列は、いずれも考慮しなければならない重要条件(『建物のあいだのアクティビティ』所収)。右の列は、往々にして建物のあいだのアクティビティを妨げる計画原理であり、大体においてモダニズムの計画で用いられた主要原理を示している

般的な表現になった。プロジェクトの説明、コンペの募集要項、自治体の政策など、多くの場所で、いまやこの言葉が特別な説明なしに使われている。これは力強い、しかし当初は限定された地域から出発した成功の反映である。

『建物のあいだのアクティビティ』の出版後(イングリットの『居住環境』もほぼ同時期に出版された)、イングリットとヤンは1年間トロントに行き、この2冊のデンマーク語の新刊について講義をした。そこで彼らにとって驚きだったのは、住宅地と都市計画に対する人間本位の取り組みが、カナダではきわめて新しく革新的なものと受け止められたことである。この時点では、どちらの本もまだ英訳されていなかった。一方、1978年には『建物のあいだのアクティビティ』のオランダ語版が出版され、1980年にデンマーク語版の改訂と同時にノルウェイ語版が発売された。16年間、この本はデンマーク、オランダ、ノルウェイでしか知られておらず、ヨーロッパ北部限定の現象に止まっていた。それは、オランダのボンエルフ(生活道路)運動や交通静穏化計画に刺激を与え、スウェーデンやオランダのいくつかのニュータウン開発に影響を与えたように見える。

すでに1980年の改訂版で、同書はモダニズムに対する論争・批判中心の書から手引書へと性格を変えはじめていた。「街路づくりの手法」という見出しは、この概念がその時点までに広く受け入れられていて必要がなくなったため、姿を消した。初版の主旨は、「建物のあいだのア

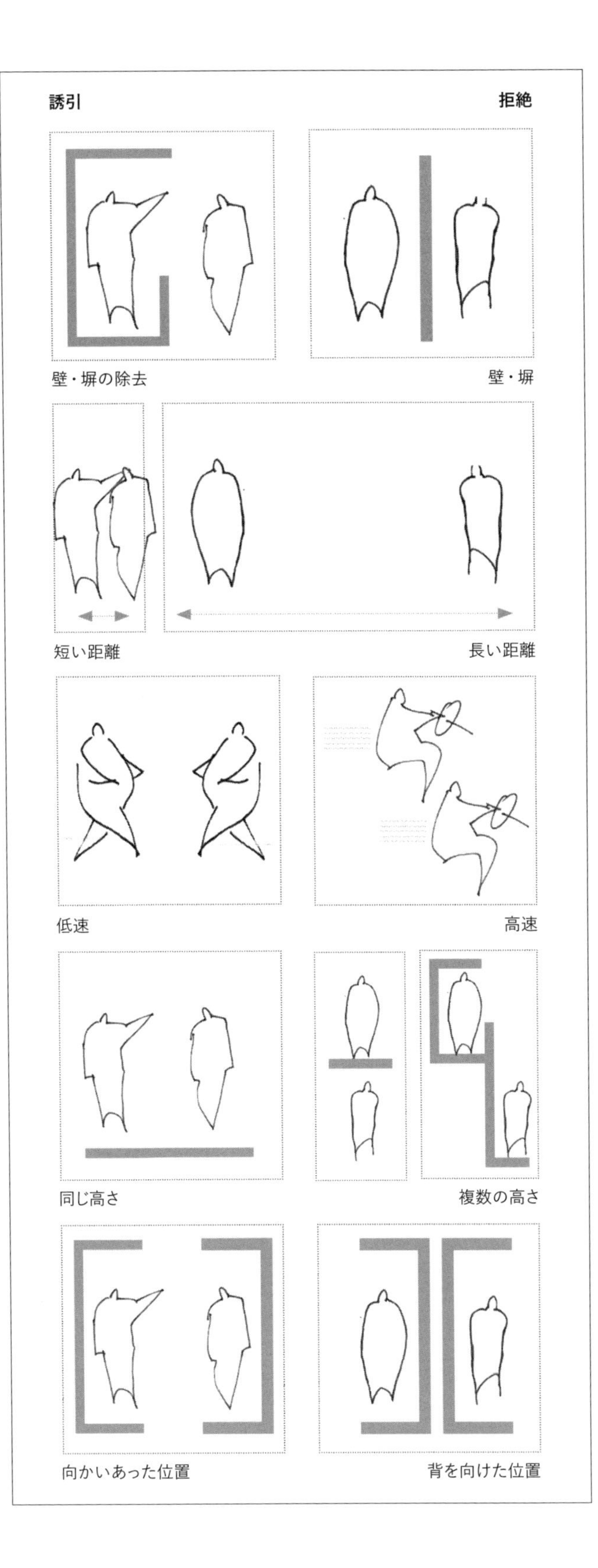

本書では、建築形態と人間の感覚との関係に関する議論が重要な役割を果たしている。左の列は、人間の交流を誘発する状況とディテールを示している。右の列は、ふれあいを妨げる状況を示している。それは、大体において多くの郊外住宅地に見られる状況である

クティビティは不当に扱われており、十分な配慮が必要である」というものだった。それに対して1980年版以降の各版では、「建物のあいだのアクティビティは重要であり、これこそが私たちのなすべきことである」という主旨になった。

デンマーク語の初版出版から16年後の1987年、『建物のあいだのアクティビティ』は遂にニューヨークのヴァンノストランド・ラインホルド社から英訳出版された。英語版は、1980年のデンマーク語版に基づいていたが、イタリアとスカンジナビアの図版・事例に加えて、他の国々の事例が補足されていた。ヤンによれば、この米国版は「比較的短命で、脚光を浴びることがなかった」。販売のための宣伝もあまり行われず、3刷まで出版された後、1990年代に絶版になった。しかし、この英語版が1990年代前半に日本語、イタリア語、中国語などに翻訳出版された。

初版発行から25年後の1996年には、デンマーク語版『建物のあいだのアクティビティ』の第3版が出版され、同時にデンマーク建築出版社が英語版の版権を引き継いだ。英語版の第2版が出版され、国際的宣伝も強化された。その後、1998年から2007年にかけて、デンマーク語と英語で第4〜6版が出版された。第6版では図版を21世紀に合わせるため、「いかにも1970年代的な羊革コートを着た長髪の若者の写真」を削り、最近の事例に差し換えた。これらすべての版の「はしがき」には、根本思想——人間を大切にしなさい——は変化していな

いことが簡潔に述べられている。ヤンは、30年たっても40年経っても、全体の文章と主旨には変更すべき点がほとんどないと繰り返し語っている。「最初から、この本が扱っていたのはホモサピエンスと構築環境との相互作用である。40年たっても主題はホモサピエンスであり、ほとんど何も変化していない。彼も彼女も、相変わらずちょっと奥まった場所に立ち、1960年代の事例と同じように他の人びとを眺めて楽しんでいる」。

この歳月のあいだに変化したのは、本書に対する国際的関心だった。20年で、それは世界の古典になっていた。1996年から2016年のあいだに、『建物のあいだのアクティビティ』は20か国語に翻訳された。ヤンの説明によれば、「この一群には、ベトナム、バングラデシュ、イランのような珍しい場所での翻訳だけでなく、ロシア語やドイツ語のような主要言語も含まれていた」。イタリアと日本では再版が出され、初版から40年後の2011年には、米国でもアイランドプレス社の手で第7版が復活した。

それは、ほとんどの場所でいまでも入手可能であり、新しい言語での出版もつづいている。次に予定されているのはトルコ版とアイスランド版である。

『建物のあいだのアクティビティ』の物語は、一連の地味な調査から生みだされた、しかし世界中が痛感していた問題に取り組んだ、明快な主旨を持った書物の物語である。それが、本書の幅広い普及と長寿を説明してくれる。それは、初めからホモサピエンスと都市環境についての簡潔な思想を語っていた。この本の歴史は、この簡潔な思想が普遍的な関心を集めるにいたった経緯を示している。

2006年に『建物のあいだのアクティビティ』のベンガル語版が出版された。NGOバングラデシュ改善運動（WBB）のルハン・シャマは、この出版をお膳立てした中心人物である

時の流れとともに

『建物のあいだのアクティビティ』は、40年以上の期間にわたって多くの版が発行されている。その表紙は、さまざまな社会変化や建築と都市計画における関心の推移を反映して、時とともに微妙に変化してきた。1971年版の表紙は、野性的で地域色に富んでいた。1980年の表紙はより洗練され、牧歌的町並みと「古き良き時代」への関心を示していた。1987年には、街と都市アクティビティが重視されるようになってきたことが鮮明に表れている。1996年以降の版は国際性を増し、アクティビティ一般を表現するようになった。

1971

1980

1987

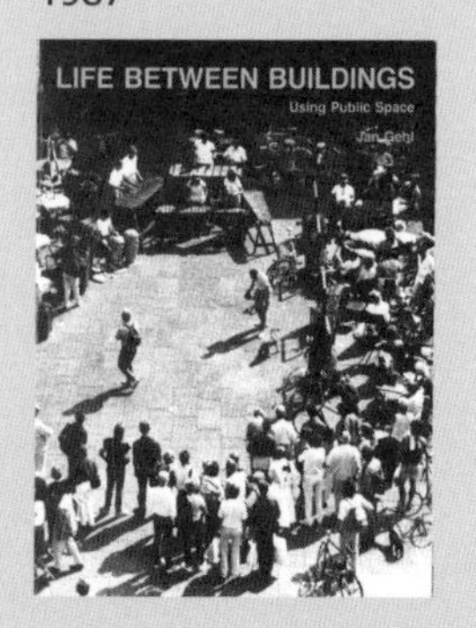

1996–2011...

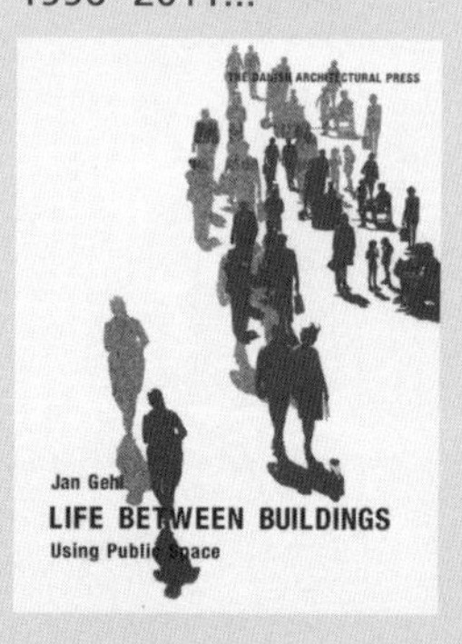

1971

デンマーク

1978

オランダ

1980

ノルウェイ

2009年から2010年、シドニーでネオンライトを使って『建物のあいだのアクティビティ』のバーコードを表現したインスタレーション（作者：D. ハドリー、H. トライブ、メイ・マイア）

1987

米国

1990
1991
1992

日本　イタリア　中国

1996
1997

台湾　コスタリカ

2000
2002
2003

チェコ　中国　韓国

2006
2008

スペイン　バングラデシュ　ベトナム

2011
2012
2013
2014

ポーランド　セルビア　ルーマニア　イラン　ロシア　ドイツ　日本 第2版　イタリア 第2版　米国 第7版　タイ　ギリシア

2016年までの出版履歴

45年のあいだに『建物のあいだのアクティビティ』は版を重ね、多くの言語に翻訳された。興味深いことに、最初の16年間、本書は地元の北ヨーロッパ限定の事象にすぎなかった。1987年に最初の英語版がニューヨークで出版された。それ以来、本書は地球上の他の多くの地域で出版されるようになった。実際、ほとんどの版が2000年以降に出版されており、このテーマに対する関心が急速に高まっていることがわかる

公共空間／公共アクティビティ——コペンハーゲン（1996）

ヤン・ゲール＋ラース・ゲムスー

コペンハーゲンは、1996年にEUによってヨーロッパの文化首都に選定された。それまでに指定された多くの「首都」と同様に、地元の機関は、この祝賀に貢献するための企画を練った。建築学院では、かねてから実績のある市との連携を強化し、都市デザイン学科の都市アクティビティ研究者が新しい、以前より大がかりな公共空間／公共アクティビティ研究を行うことになった。それが、『公共空間／公共アクティビティ——コペンハーゲン1996』の調査と書籍が世に出た経緯である。建築学院、コペンハーゲン市、コペンハーゲン中心部の経済界、各種の財団が、その費用を負担した。1996年に間に合わせるため、調査は1995年のうちに実施された。

調査と書籍は3部構成になっている。第1部では、市内の利用可能な空間の全貌を明らかにし、1962年以来、歩行者のための公共空間がどのように発達してきたかを示している。また、1996年の中心市街地の様子——住宅、教育機関、夜間アクティビティ、安全性、交通、駐車場、自転車利用など、街の現状にかかわる多くの項目——が記述されている。第2部では、街の使われ方の現状が、夏と冬、目抜き通りと裏通り、イベント開催時と日常を通じて明らかにされ、さらに街頭の屋台や大道芸人の影響、オープンカフェ文化の急速な成長にも目が向けられている。そこで用いられた観察方法はもともと『建物のあいだのアクティビティ』に収録する調査のために開発されたものだが、第3部では新しい調査手法（インタビュー調査）が導入された。ヤンとラースは、この手法の経験がなかったので、メルボルン大学のデイヴィッド・イェンキン教授をチームに招き、インタビュー調査の責任者に任命した。これらのインタビュー調査は、観察だけでは答えを得られない多くの疑問に貴重な光を投げかけてくれた。たとえば、誰が街の利用者なのか？　彼らはどこから来るのか？　どのような手段で街に来るのか？　街に来る動機は何か？　街の何が好きで、何が嫌いなのか？　これが、従来の計数と観察による調査に対する最も重要な拡充点である。

この本の特徴は、地図、図面、図表を活用して、都市の物語、公共空間の利用者が公共アクティビティを繰り広げる様子、研究方法論の適用法などを説明している点にある。同書は、都市発展の軌跡を例証するものとしてコペンハーゲンで高く評価された。デンマーク建築出版社は、同書の英語版も作成した。この英語版は、コペンハーゲンを扱った内容であるにもかかわらず、デンマーク語版よりはるかに広く普及した。デンマーク語版が出版され品切れになってから10年が経過しても、英語版は版を重ね販売されている。この事実は、コペンハーゲンという枠を超えて、この本（特に用いられた方法と達成された成果）に大きな関心が寄せられていることを示している。

歩行者専用街路・広場の成長（1962〜1996年）

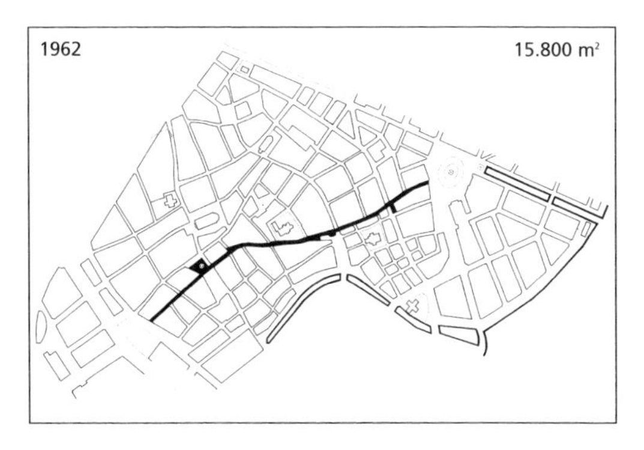

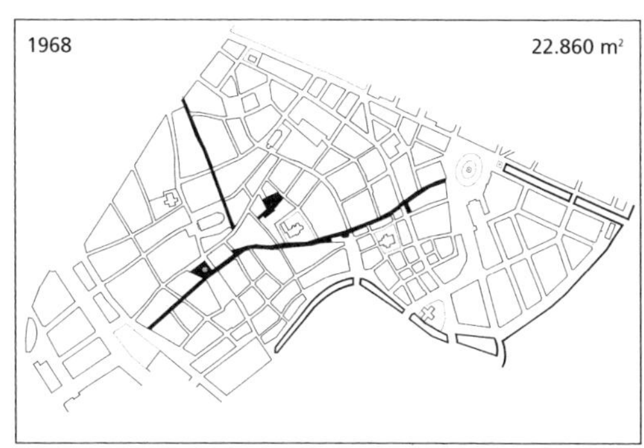

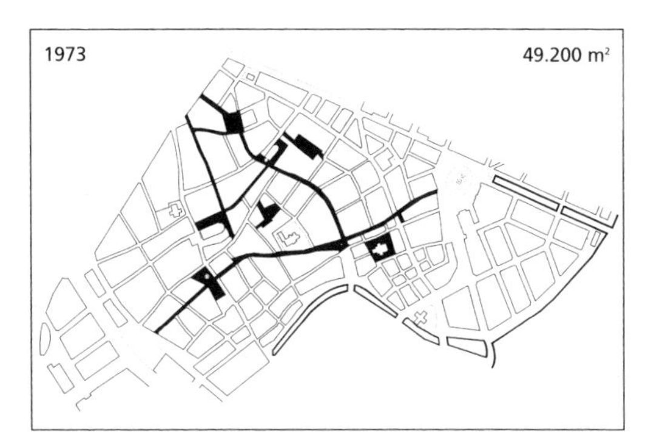

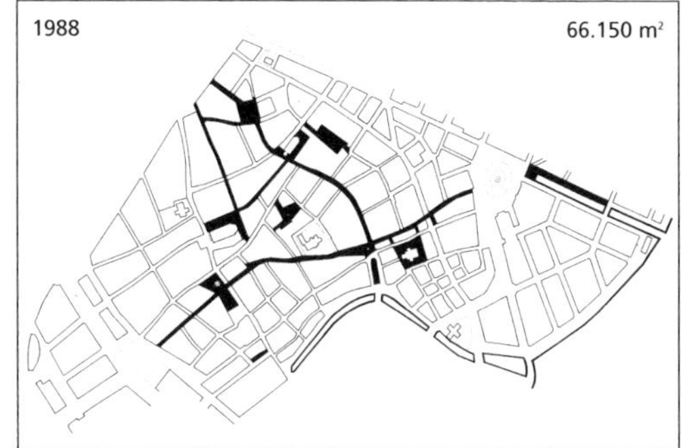

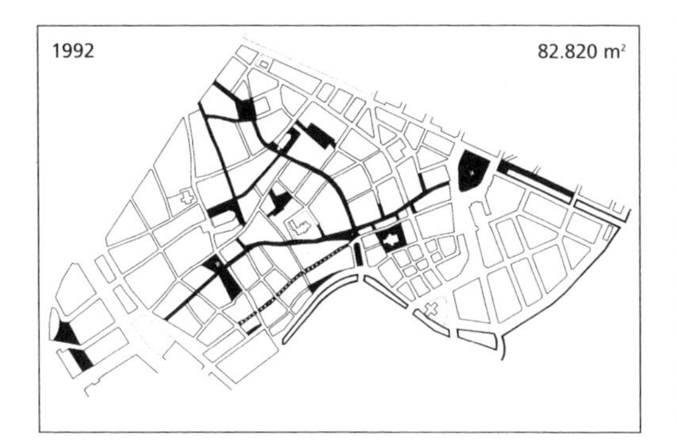

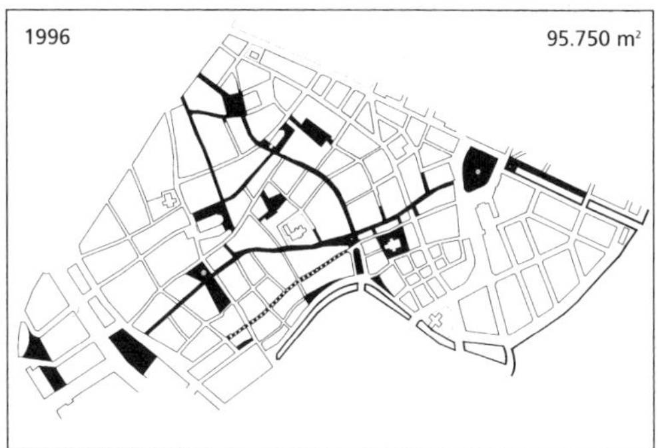

『公共空間／公共アクティビティ——コペンハーゲン1996』の主眼は、コペンハーゲン中心部で1962年から1996年にかけて展開した歩行者景観の印象的な成長を描きだすことだった。上の図は、この期間における歩行者空間の拡大を示している。1995年までに、都市内の歩行者空間は7倍になった

1962年から1995年のあいだに、街で時を過ごす人の平均数（夏季平日の午後）は3倍になった。歩行者空間が増えると、より多くの人がやってきて、その空間を利用した。この期間を通じて、歩行者空間が13平方メートル増加するごとに、街に来て滞留する人が1人増えたことがわかる

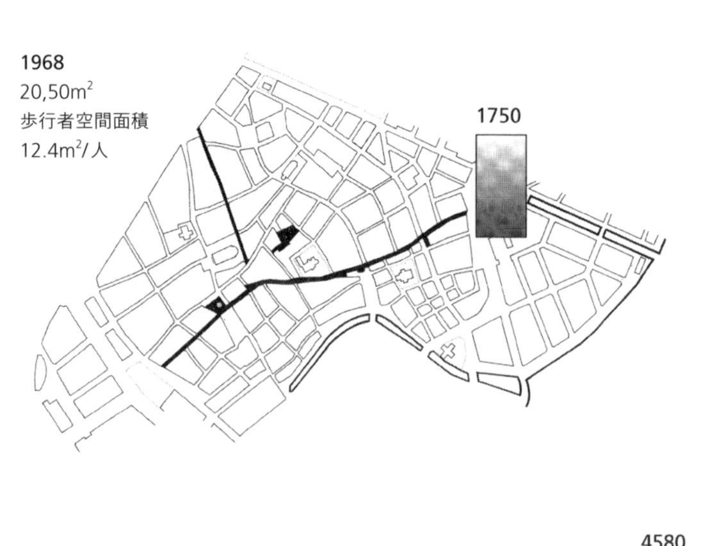

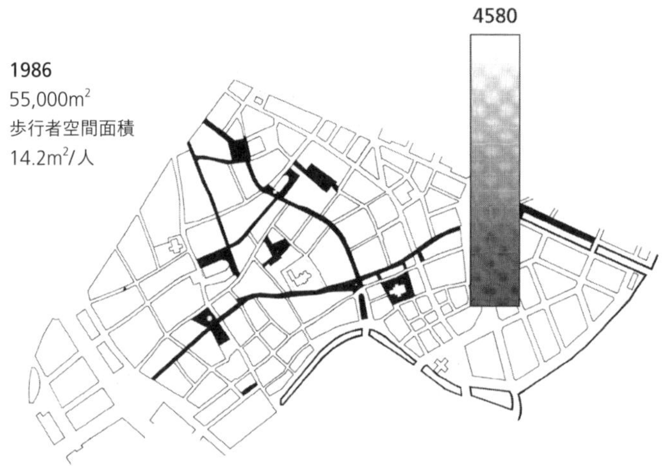

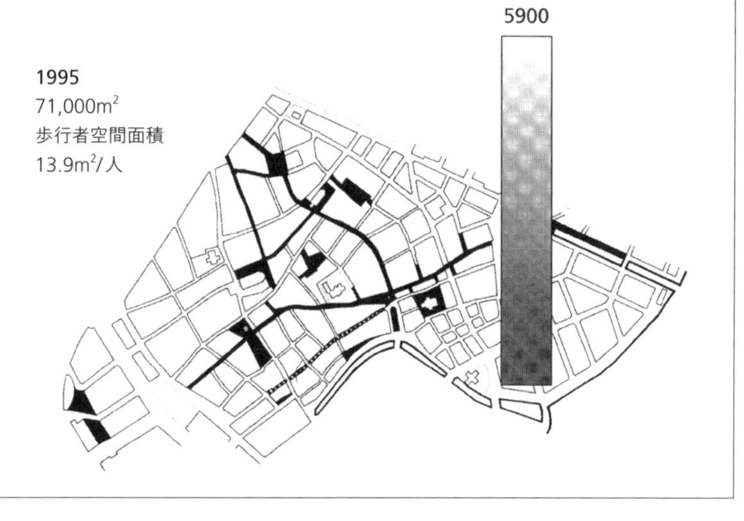

1992年に初の歩行者優先街路が導入された。目抜き通りのストロイエと並行して走るストラーデ通りは、カフェの椅子、歩行者、自転車、徐行する少数の自動車が共存し、街で最も快適な通りのひとつになった

新しい都市空間（2000）

ヤン・ゲール＋ラース・ゲムスー

仲間内で「ハードウェア本」と呼ばれている『新しい都市空間』は、ヤンの他の著作と異なり、アクティビティではなく物理的形態を主題にしている。それは、21世紀を目前に控えた時期の「新しい」公共空間を取りあげた建築書である。この本を執筆したのは、現代の公共空間を扱った手ごろな教科書に対する需要が高まっており、それに応えるためであった。この時期、興味深い街路や広場が世界各地でつくられていた。ヤンは、ラース・ゲムスーと協力して、20世紀末に公共空間デザインの分野で起こっていたことを記録しようとした。

この本は3部構成であり、第1部は「公共空間を奪還する」というタイトルである。そこには、当時見られたまったく異質な4種類の都市——伝統的都市、侵略された都市、見捨てられた都市、奪還された都市——が提示されている。伝統的都市では、歩行者と公共アクティビティが街の主役になっていた。それに対して、侵略された都市では自動車が街を支配し、人びとと公共アクティビティは脇に押しやられていた。見捨てられた都市では、人びとが完全にあきらめてしまい、公共空間から遠ざかっていた。それはまったく人影のない街だった。奪還された都市は、その時点での新しい現象だった。その街では自動車が脇に押しやられ、公共空間が人びとの手に取り戻されていた。そして、街の奪還を促進する公共空

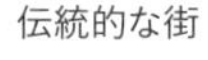
伝統的な街

侵略された街

見捨てられた街

奪還された街

『新しい都市空間』では、古い伝統的な街から最近の奪還された街にいたる4種類の街が取りあげられている。後者は、自動車の侵略が解決された後に出現した街である

間が第2部以降の主役であった。

第2部では、奪還された9都市の事例——その程度はさまざまだが——が提示されている。そのうち5都市（バルセロナ、リヨン、ストラスブール、フライブルク、コペンハーゲン）はヨーロッパの事例、4都市（北米オレゴン州ポートランド、南米ブラジルのクリチバとアルゼンチンのコルドバ、オーストラリアのメルボルン）は他の地域の事例である。そこでは、これらの都市を「奪還」するために何が行われたのか、そのプロセスがどのように実現されたのか、これらの街の公共空間で何を目にすることができ、何が享受されているのか、具体的に紹介されている。対象都市は周到に選択されている。そこには古い歴史的都市と新しい都市の両方が含まれていて、「都市の奪還がこぢんまりした古い歴史的市街地の専売特許ではなく、あらゆる種類の中心市街地で必要とされており、実現可能である」ことが証明されている。

第3部では、世界各地の建築的に興味深い39の街路と広場が紹介されている。これらの事例の選択基準のひとつは、すべての公共空間が1985年から2000年のあいだに建設または改造されている点である。それは、公共アクティビティと公共空間への関心が世界中で本格的に復活しはじめた時期であった。また、もうひとつの選択基準は、ラースとヤンがすべての空間（と都市）を訪問し評価するという原則である。これは、建築的な誇大宣伝に惑わされないためであった。ヤンによれば、「実際のところ、話題の場所のいくつかは行ってみるとそれほど心に響かなかったし、あるものは実物より建築雑誌の方がずっと魅力的だった。スイスのある広場にいたっては、既に取り壊されて、存在すらしていなかった」。結局のところ、ヤンとラースは、本に採録する前にすべてを自分の目で確かめる必要があるという意見に改めて強く賛同することになった。

事例：ストラスブール（フランス）

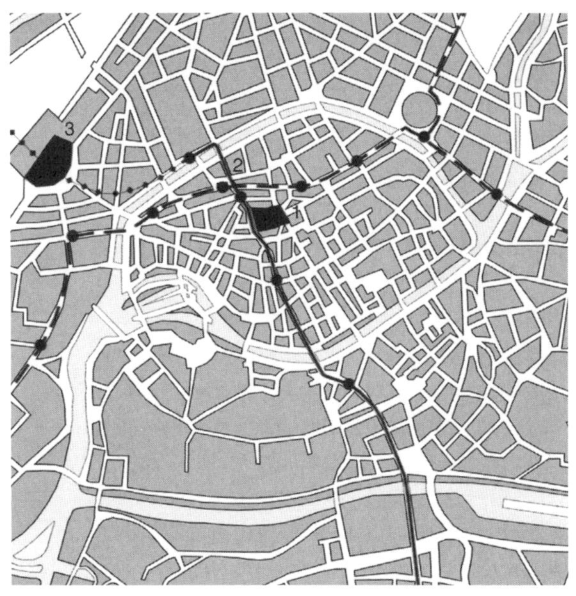

この本には9例の奪還された街が紹介されている。それぞれの街について、奪還戦略の要点が写真と改善経過の概略を添えて示されている。上の図版はフランスのストラスブールに関する説明から抜粋したものである

事例：パイオニアコートハウス広場（米国ポートランド）

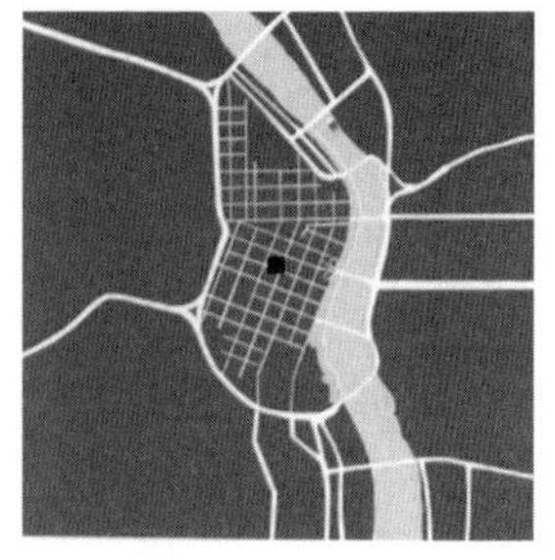

オレゴン州ポートランド
1:100,000

パイオニアコートハウス広場
1:5,000

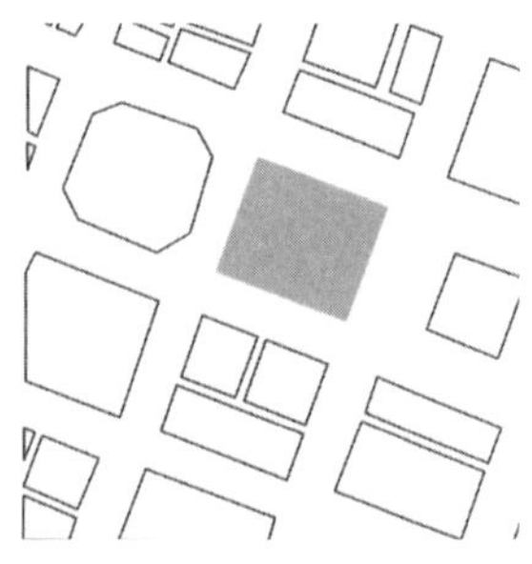

中央の歩行者ゾーン 5,100㎡
1:5,000

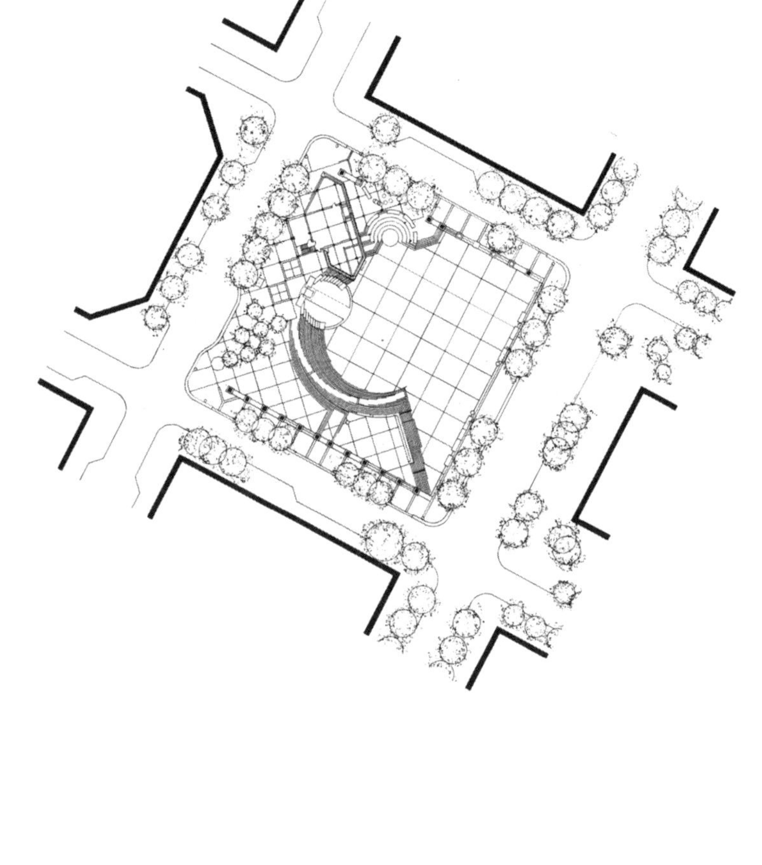

第3部では、20世紀後半の数十年間に整備された建築的に興味深い39例の街路と広場が紹介され、それぞれに位置・周辺環境・実施プロジェクトを示す地図と図面が添えられている。取りあげられた公共空間は世界各地から選定された。これは、米国オレゴン州ポートランドのパイオニアコートハウス広場の記事から抜粋した図版である

この本には、改造されたパリのシャンゼリゼから、バルセロナやリヨンの一連の新しい広場、そして世界各地の町や村の小さくとも建築的に興味深い公共空間まで、幅広い公共空間が集められている。着手から出版まで、都市と場所を選び、採録する事例を訪問・選定し、図版を準備するのに8年の歳月が必要だった。

いよいよ2000年の秋、同書はデンマーク語と英語で、以前からヤンの本を手がけていたデンマーク建築出版社から刊行される運びになった。建築学院が主催した出版記念行事は、デンマークの都市大臣ユッテ・アンデルセンと建築家でもある米国大使リチャード・D・スウェットがそれぞれの版をお披露目し、大がかりな祝賀会になった。特に大使は、表紙を飾っているポートランドの写真を指さして上機嫌だった。「あなた方ヨーロッパ人も米国建築の真価を認めたというわけだ」。

英語版は一貫してデンマークで発行された。これは、理念を広めるうえで最も効率のよい方法ではなかったかもしれない。しかし、同書がその後いくつもの言語に翻訳出版されたことを見ると、十分に役目を果たしたと言えるだろう。この本は、2000年代初めにチェコ語、スペイン語、ポルトガル語、中国語に翻訳され、2012年にはモスクワ市の手でロシア語版が出版された。

世界への広がり

デンマーク語版

英語版

ポルトガル語版

スペイン語版

中国語版

チェコ語版

ロシア語版

『新しい都市空間』は総合的建築についての教科書であり、デンマーク語と英語の原典につづいて数か国語に翻訳された

新しい都市アクティビティ（2006）

ヤン・ゲール、ラース・ゲムスー、シア・カークネス、ブリット・セナーゴールト

『新しい都市アクティビティ』の表紙を一瞥すると、この本が伝えようとしていることがよくわかる。そこでは、公共空間の使われ方に新しい根本的変化が起こりつつある。その写真は、2005年の早春、コペンハーゲンの住宅街にある広場の情景を撮ったもので、そこでは都市空間がまるで公園のように気晴らしや娯楽の目的で密度高く利用されている。こうした公共空間の新しい利用方法はまたたくまに普及し、いまも拡大しつつある。『新しい都市アクティビティ』は、この新しく出現しつつあった傾向を題材にしている。同書は、デンマーク建築出版社からデンマーク語と英語で刊行された。

『新しい都市アクティビティ』は、当初から「ソフトウェア本」と呼ばれていた。前著『新しい都市空間』では公共空間の再評価と再生が紹介されていたが、この本はその続編というべきものである。取りあげられたのは再びコペンハーゲンだが、今回の調査対象は中心地区の公共アクティビティだけではない。郊外の地区から市役所や王宮前の広場まで、都市全体の断面に焦点があてられている。そこには、コペンハーゲンの中心部から周辺部まで、2005年の年間を通じた公共空間利用の変化が描かれている。

この研究の母体になったのは公共空間研究センターである。同センターは以前から存在していたが、第4章で紹介したように、2003年にリアルダニア財団の助成金を受けて大幅にてこ入れされていた。そして『新しい都市アクティビティ』の調査が、センターが行う主要な活動のひとつになった。それまでの調査は、どれも「日常の都市デザイン教育の余業」として行われてきた。しかし、助成を受けたおかげで、ヤンたちは「全力をあげて調査に取り組み、筋書きを実現し伝達するのに必要な手段を開発する」ことができた。また、センターは研究チームを拡充することもできた。都市デザイン学科を卒業したばかりの若い建築家、シア・カークネスとブリット・S・セナーゴールトが研究員・著者として参加した。

この本は2部構成になっている。第1部では、公共空間において必要活動（職場に向かうなど）に比べて任意活動（座る、まわりの出来事を眺めるなど）の頻度がますます高まっている様子が総合的に述べられている。そこでは、いくつかの方法で、この発展とそれが公共空間の質にもたらす要求の変化を説明している。ヤンがよく使う「クジラ」と呼ばれる図解もそのひとつである。都市空間の利用形態の変化を見ると、任意のレクリエーション的活動にとって空間の質が重要な前提条件であることがよくわかる。「余暇社会」の都市住民が利用してもよいと思うのは、良質な空間が提供されている場合だけである。

第2部では、公共空間のいくつかの基本タイプ——遊歩道、都心空間、儀式空

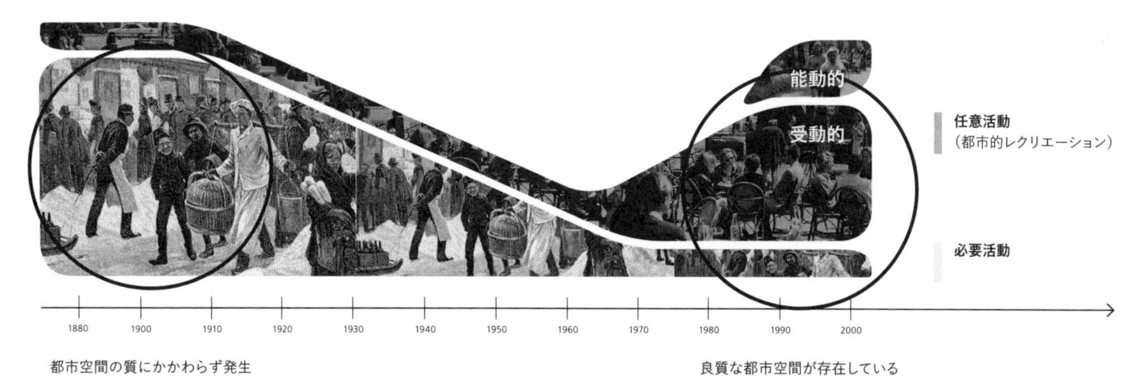

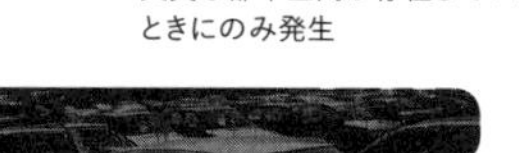

クジラ——20世紀に都市アクティビティの性格に劇的変化が起こったことを示す模式図。1900年ごろは必要活動が圧倒的に多い。街路は、日々の営みに従事する人びとで混雑している。20世紀末に近づくと、任意活動が目立ってくる。必要活動は都市空間の質にかかわりなく行われるが、余暇社会の任意活動は、良質な都市空間が提供されるかどうかにかかっている。
下：夏のニューハウン（コペンハーゲン）。質を左右する因子がすべてうまく処理されており、楽しい時を過ごす人びとでいっぱいになっている

保護	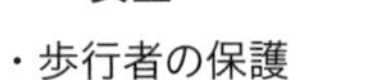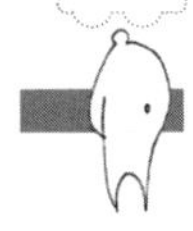**交通と事故からの保護 ——安全** ・歩行者の保護 ・交通不安の除去	**犯罪と暴力からの保護 —治安** ・活気ある公共領域 ・街路に注がれる眼差し ・昼夜を通じて展開する機能 ・適切な照明	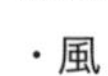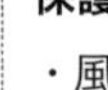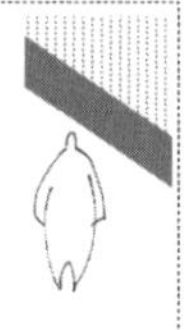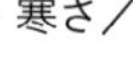**不快な感覚体験からの保護** ・風 ・雨／雪 ・寒さ／暑さ ・汚染 ・埃、騒音、照り返し
快適性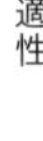	**歩く機会** ・歩くためのスペース ・障害物の除去 ・良好な路面 ・万人への開放 ・興味深いファサード	**たたずみ／滞留する機会** ・エッジ効果／ たたずみ／滞留する ための魅力的な ゾーン ・たたずむための拠り所	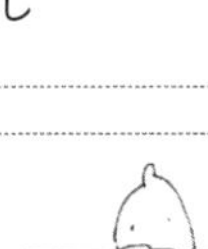**座る機会** ・着座のための ゾーン ・利点の活用：眺望、日照、人びとの存在 ・座るのに適した場所 ・休憩のためのベンチ
	眺める機会 ・適度な観察距離 ・遮断されない視線 ・興味深い眺め ・照明（夜間）	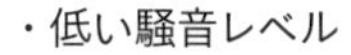**会話の機会** ・低い騒音レベル ・「会話景観」を つくりだす ストリートファニチュア	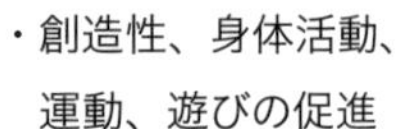**遊びと運動の機会** ・創造性、身体活動、 運動、遊びの促進 ・昼も夜も ・夏も冬も
喜び	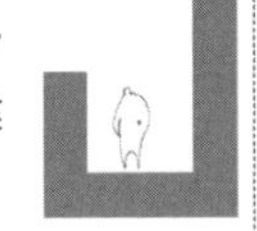**スケール** ・人間的スケール で設計された建 物と空間	**良好な気候を楽しむ機会** ・日向／日陰 ・暖かさ／涼しさ ・そよ風	**良好な感覚体験** ・良質なデザインと ディテール ・良質な素材 ・すばらしい眺め ・樹木、植物、水

キーワード表：歩行者景観に関する12の質的基準

長年の研究成果を踏まえて、歩行者環境の質にとって重要な12の質的基準が抽出された。これらの基準は、保護、快適性、喜びにかかわる3項目に分類されている。この表は、コペンハーゲンの建築学院で長く教材として使われた後、『新しい都市アクティビティ』で初めて公表され、コペンハーゲン中心部と外縁地区から選定された28の街路・広場の評価に適用された。

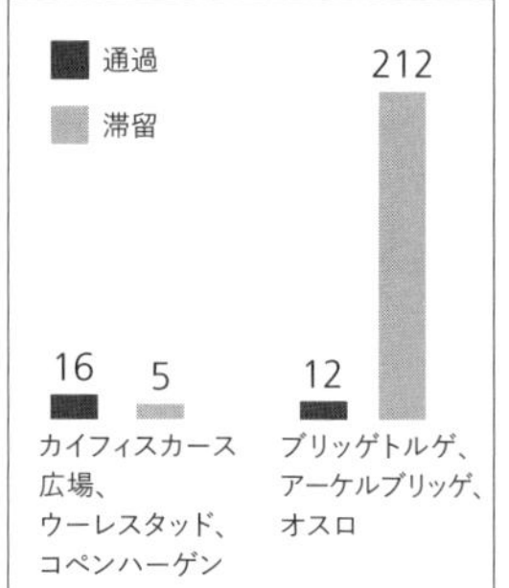

コペンハーゲンの新都市にある広場（上）とノルウェイのオスロ新市街地にある広場（下）の比較。ノルウェイの広場は、12の質的基準をほぼすべて満たしている。一方、デンマークの広場はこうした配慮をほとんど無視している。通りすぎる歩行者の数はあまり違わないが、良質な広場には10倍以上の人がいる

間、静寂空間、水辺空間、空虚な空間など——が取りあげられている。いまや「人間のための質」がますます重要な関心事になっているので、この本では重要と見なした12の質的基準をキーワードとして導入し、それを使ってコペンハーゲン各地の28の都市空間を評価し、特徴を描写している。公共空間が年間を通じて市民にどのように利用されているのか。その全体像をこのように幅広く調査した都市はコペンハーゲンが第一号である。

人間の街（2010）

ヤン・ゲール

ヤンは、しばしば『建物のあいだのアクティビティ』と『人間の街』はどこが違うのかと質問される。彼はいつも簡潔に「40年」と答える。『人間の街』には、彼の40年間の研究と、『建物のあいだのアクティビティ』で提示した理念を世界各地の都市で検証するのに要した歳月が詰まっている。『人間の街』で、ヤンは1971年に『建物のあいだのアクティビティ』で最初に提示した基本的理念、原則、議論を再び取りあげ、再構築している。「それを語り尽くす」ことが彼の目標であった。

ここでもリアルダニア財団が、資金面だけでなく、ヤンに「知っていることのすべて」をまとめるように強く求め、重要な役割を果たした。財団は、彼が依然として建物のあいだのアクティビティの理論と実践に深くかかわっていることを理解していた。また、彼のほとんどの本と同様に、非常に有能な仲間が舞台裏を支えていた。その筆頭が、公共空間研究センターの2人の大学院修了生、カミラ・リヒター＝フリース・ファンデュースとビアギッテ・ブンデセン・スヴァアだった。ヤンは2006年に建築学院を退職していたので、当時は、ゲール・アーキテクツがこの本を含むさまざまな研究プロジェクトの拠点になっていた。同書のデンマーク語版はボーヴァケット社から、英語版はアイランドプレス社から発行された。

2011年のプレイスブック賞は、『人間の街』が受けた賞や優良図書指定のひとつである

『人間の街』は、『建物のあいだのアクティビティ』や他の多くの著書と同様に、主にヤンの研究と経験、また彼自身の仕事を通じて得られた事例に基づいており、「多年にわたって他の人びとが考えたり見いだしたりしたことにはあまり寄り道をしていない」。それは、ヤンの目を通して捉えたテーマに関する書物である。つまり、きわめて個人的な文章であり、彼は、それこそがこの分野に対する自分の第一の貢献だと考えている。

この本も、ヤン・ゲールの確固とした流儀に従い、入念に構成された図と写真を使って簡潔でわかりやすい文章を視覚的に補強している。『人間の街』は、多くの異なる文化圏に属する多くの異なる

都市計画をめぐる規範の変化は、『人間の街』が論じている主要テーマである。長年にわたるモダニズム都市計画と自動車の侵入を克服した後、21世紀にとって望ましい都市には、生き生きした、住みやすく、安全で、持続可能で、健康的であることが期待されている

読者層に理解しやすい方法でヤンの意図を伝えている。

同書は、20世紀後半の都市計画を支配した2つの規範――モダニズムと自動車の侵入――について論じるところから筆を起こしている。この文脈では、人間の次元が完全に見落とされ捨て去られていた。新しい計画原理が人びとの公共空間利用に及ぼす強烈な影響については、実際まったく何も知られていなかった。

しかし、2010年には、何を優先するかによって都市における行動が強く影響されることを、実例を使って示すことが可能になっていた。自動車を優先すると、交通がますます増える。歩行者、公共アクティビティ、自転車利用を優先すると、人びとの公共空間利用にめざましい変化が起こる。コペンハーゲン、メルボルン、ニューヨークなど、多くの場所での事例が、このことを例証している。ヤンは、それらを通して、現代社会で街が出会いの場所として果たす役割の重要性を強調している。

第2章では、人間の感覚の重要性を述べ、街のスケール処理が快適な生活と都市空間利用を左右する因子であることを詳しく説明している。この考えは同書の鍵を握る部分である。モダニズムの計画家と交通技術者の時代には、人間的スケールがほぼ完全に忘れ去られていた。ヤンは、「スケールの注意深い扱いを見直す」ことが、人間のための街をつくる

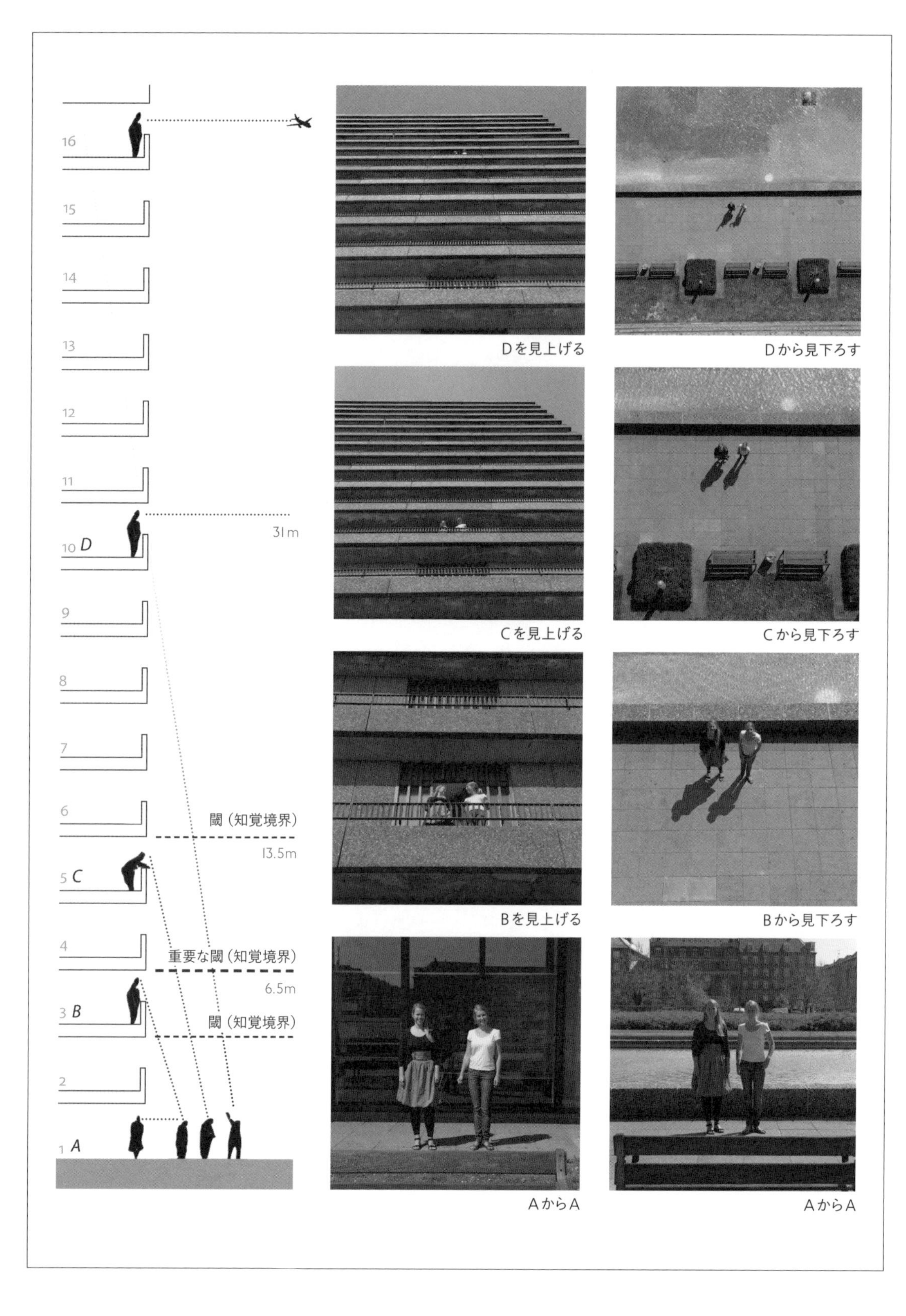
16
15
14
13
12
11
10 D
31m
9
8
7
6
閾（知覚境界）
13.5m
5 C
4
重要な閾（知覚境界）
6.5m
3 B
閾（知覚境界）
2
1 A
Dを見上げる
Dから見下ろす
Cを見上げる
Cから見下ろす
Bを見上げる
Bから見下ろす
AからA
AからA

『人間の街』では、以前の『建物のあいだのアクティビティ』と同様に、人間の生物学的な歴史、人間の感覚の発達状態、そして感覚と建築や都市空間との関係が重点的に論じられている。人間の身体、人間の感覚、人間の行動に対する理解は、人間の街をつくる重要な鍵である。左ページの図は、人間の感覚と高層ビルの関係を調べた研究成果である。右は、距離の近さと小さな寸法の重要性を調べた研究成果である

左頁：建物と街路の交流が可能なのは5階までである。6階以上になると、街との交流が急速に消滅し、交流の対象が眺望、雲、飛行機に変わる

うえで最も重要な課題のひとつであると考えている。

次いで、同書は新しく着目されつつある計画規範を導入する。21世紀に求められているのは、生き生きした、安全で、持続可能で、健康的な街である。そして、この4つの側面がそれぞれ詳しく吟味される。それぞれの側面について、事例が示され、現代の社会状況のなかで建物のあいだのアクティビティを引きつけ刺激するにはどうすればよいか説明される。個人の安全に対する懸念が拡大していることが取りあげられると同時に、そうした懸念に対処するさまざまな方法が議論される。ヤンは、人間重視の計画に役立つ解決策こそが、持続可能で健康的な街を効果的につくりだすことのできる解決策でもあると指摘している。また、彼は次のように強調している。「徒歩と自転車利用を促進することは、きわめて直接的なやり方で、気候を改善し、参加者一人ひとりの健康を増進するのに役立つ。実際、こうした持続可能な街と健康的な生活様式に対する関心の高まりは、街を利用する人びとに配慮した議論を総合的かつ永続的に行う必要があることを強く裏づけている」。

第4章以降には、人間の街をつくる方法がさらに詳しく示されている。ヤンは、『建物のあいだのアクティビティ』と同様に、目の高さの街の質が成功をおさめるうえで決定的な重要性をもっていると主張する。そして、歩き、立ち止まり、座り、眺め、聞き、遊び、自転車を利用するのに適した街を詳細に説明する。

「アクティビティ、空間、建築——この順序で」という表題の章では、新しい街の計画と住宅地区をつくるための原則が提示されている。ヤンは、モダニストたちが判で押したように「建築、空間、次にもしかしたらアクティビティ」という順序を採用していたと指摘している。しかし、公共空間のアクティビティは、この優先順位ではけっして成長することができなかった。昔の街は、逆の順序で開発されてきた。ヤンは、現代の人間優

先の都市デザインにとっても、それがふさわしい方法であると主張している。まずアクティビティ、そして空間、建築はその次。

ヤンの他の著書と比べて新しいのは、第三世界の急成長都市がもたらす計画課題を扱った短い章である。そこでは、クリチバ、ボゴタ、ケープタウンの事例が紹介され、世界のどこでも安全で生き生きした公共空間が必要であることが示されている。そして、安全で健康的な公共空間が最重要課題であると同時に、人間の街をつくるうえでの最大の課題が第三世界に存在していると指摘している。最低限、良好な公共空間をつくり、歩き、自転車に乗り、公共交通を利用しやすい条件を整える必要がある。人間のための基盤整備が、最も安価で最も容易に実現できる基盤整備である。

最後の「道具箱」には、これまでに出版された著書から集められた分析手法、チェックリスト、図解が収録されている。それは、多年にわたる研究の要点をまとめたものである。

この本は、コペンハーゲン、ワシントン、北京で同時に出版され、好調なスタートを切った。そのメッセージは、もはやデンマーク人のためだけのものではなかった。『建物のあいだのアクティビティ』の出版から40年を経て、これらの問題は世界的関心事としてますます重要性を高めていた。

『人間の街』に対する反応もきわめて幅広く、計画と持続可能な都市に関する重要文献として数々のリストに掲載された。2011年には、環境デザイン研究学会（EDRA）とプレイス誌共催の「場所に関する優秀書籍賞」を受賞している。

デンマーク語、英語、中国語の各国語版で好調なスタートを切っただけでなく、『人間の街』の出版履歴はめざましいものであった。この本は、2016年までに30以上の言語で出版され、あるいは出版契約が結ばれていた。そのなかにはマラーティ語（インド）、ペルシア語（イラン）、アルバニア語、ジョージア語、カザフ語、エストニア語などが含まれている。また、ヤンの本にしては珍しく、アラビア語、ドイツ語、そしてなんとフランス語（「ケベックの素晴らしい人たちの献身的努力」の結果）でも読むことができる。

2012年にプラハで行われたチェコ語版『人間の街』の出版記念式は、デンマーク大使のオーレ・E・イェンスビーが出席し、紋章と国旗つきのデンマーク大使館専用貨物自転車も参加する大がかりな行事になった

上：2010年の『人間の街』出版記念式で、デンマーク建築センター前に勢揃いした編集チーム。左からカレン・スティンハート、リッケ・ソード、ビアギッテ・スヴァア、イサベル・デュケット、ヤン・ゲール、マリケン・L・ヘーレ、カミラ・リヒター=フリース・ファンデュース、アンドレア・ハーヴ、ラース・ゲムスー

下：2016年までに『人間の街』は、24か国語（出版契約中を含む）に翻訳された。それに加えて8か国語の版が準備中である。これは何よりも、人間にやさしい街をつくることへの強い、そして急速に拡大しつつある関心を示している

2016年現在の出版履歴

パブリックライフ学入門（2013）

ヤン・ゲール＋ビアギッテ・スヴァア

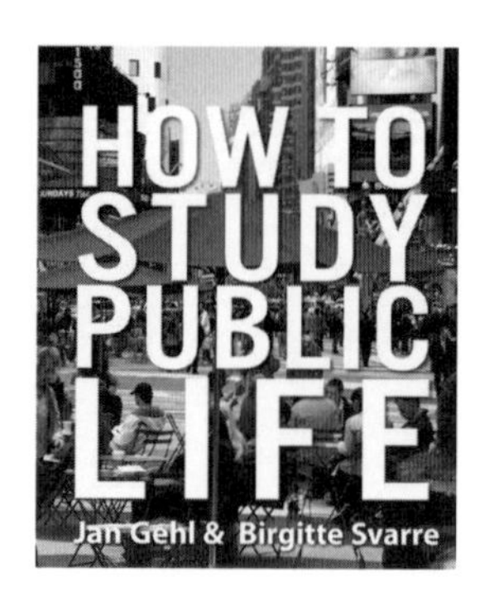

この6冊目の著書は、他の5冊と比べて異質である。これは、公共空間のアクティビティに関する本でも物理的環境に関する本でもない。しかし、公共アクティビティを調査し、記録し、体系化する方法を説明している点で、やはり2つの主題に関係している。

この本も『人間の街』の場合と同様に、リアルダニア財団の勧め（と資金援助）を受けて実現した。財団が、1960年代からデンマークで開発された研究方法を、他の人びとも利用できるように集大成するべきではないかと提案したのである。ヤンは、いたって丁重にではあるが、「細かいことを忘れないうちにそれをすべきである」とも助言された。彼の研究手法はゲール・アーキテクツに受け継がれていたので、方法に関する新著はこの体制のもとで編纂された。そして、ビアギッテ・スヴァアが共著者、また出版計画の総合調整者になった。

公共空間における公共アクティビティと建築的形態の相互関係に関する研究は、どのようにして専門領域として明確なかたちをとるようになったのか。この本は、手法、実践者、方向性、「学派」を含めて、その経緯をたどっている。しかし、それと同時に、この本は観察手法を重視するコペンハーゲン式の実践にきわめて忠実である。誰が、何を、どこで、いつ、どのような速さで、どれだけの時間、どれだけの数——こうした公共アクティビティ調査の一般的設問が提示され、それを明らかにするためのさまざまな方法が論じられている。そして、この新興の専門領域の発達が、開拓者たち（大半が米国人）の人物像を含めて紹介されている。ページ数と情報量の両方で同書の主要部分をなすのは、「先人たちの手法から学ぶ：研究ノート」と題された長い章であり、そこでは20件の研究事例が紹介されている。これらは、世界各地の街路・広場・公園への小旅行であり、調査対象となった多くの日常風景の現場に読者を誘ってくれる。大半の事例は、コペンハーゲンのチームが行った研究から引用されており、この「学派」の伝統を反映し、その方法はメンバーたちの建築的背景と深いかかわりを持っている。そこに、測定、記録、資料作成に関して彼らが受けた教育をはっきり読みとることができる。しかし、同書の目的は、この分野で国際的に何が起こっているか、そして他にどのような方法が開発されてきたか、その全体像を幅広く伝えることである。そこで、この章では、他の研究文化に基づく事例研究も紹介されている。

最後の2つの章では、この多彩な手法と、これらの手法を使って建築と計画にもたらされた新しい知見を、現実のプロジェクトに適用した具体例が紹介されている。そこには、いくつかの先進都市で実施された事業、そしてコペンハーゲン

『パブリックライフ学入門』の目的は、長年の研究のなかで培ってきた調査方法の全体像を示すことである。
右頁：観察調査を実施するために開発された基本ツールの一部

観察調査の基本ツール

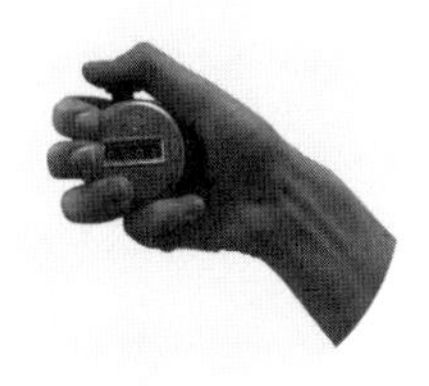

カウント調査

カウント調査は、公共アクティビティ調査に広く用いられるツールである。原則として、すべてのものを数量把握することができ、改変前後の比較、異なる地域間での比較、時間経過に伴う比較などに必要な定量的データを得ることができる。

痕跡を探す

人間の活動はしばしば痕跡を残し、観察者はそこから都市アクティビティに関する情報を得ることができる。痕跡は、数えたり、写真に撮ったり、地図上に記録したりすることができる。

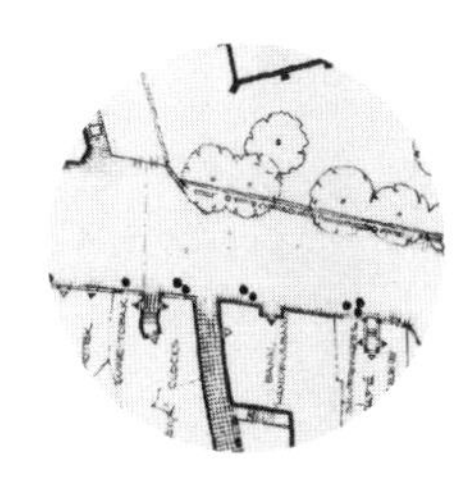

マッピング調査

活動、人、滞留場所など、いろいろなものを図上に記録し(たとえば、調査区域の地図上に記号で表し)、活動の数や種類、活動が行われる場所を示す方法である。行動マッピングとも呼ばれる。

写真撮影

写真撮影は、公共アクティビティ調査にとって欠かせないものである。それは、改変後に都市アクティビティと空間のあいだに良好な関係が生まれているかどうかを判断するための証拠を提供してくれる。

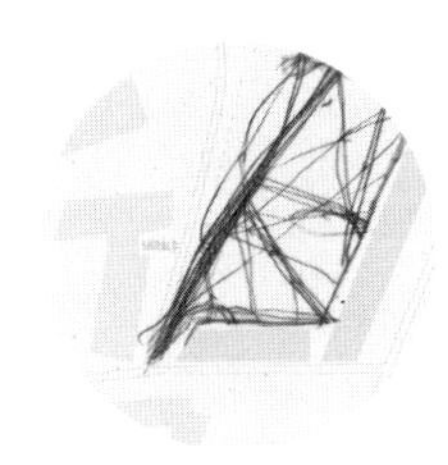

軌跡トレース調査

一定の空間のなか、または空間の境界を横切る人の動きを、調査区域の地図上に動線として描く方法である。

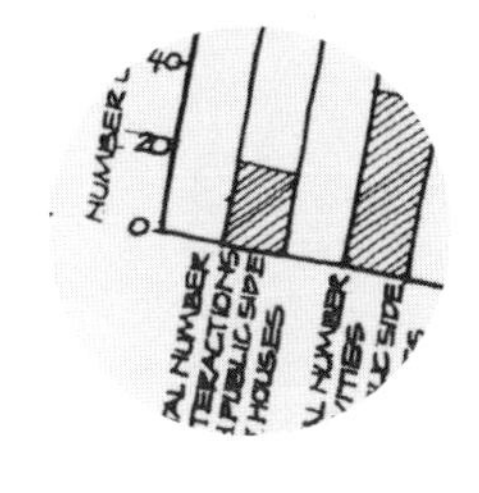

観察日誌をつける

観察日誌をつけることによって、公共アクティビティと空間の相互作用について、細かい点や微妙な意味合いを記録することができる。観察記録は、後日、分類したり定量化したりすることもできる。

行動追跡調査

広い範囲にわたる、あるいは長時間にわたる人の動きを観察するために、被観察者に察知されずに、あるいは被観察者の同意を得て、観察者が注意深く被観察者を追跡する方法である。尾行とも呼ばれる。

実地踏査

観察期間中、ある程度体系的に実地踏査を実施することも効果的である。観察者は、決められた経路を歩くことによって、問題や可能性を身をもって発見することができる。

事例：シドニー中心部の歩行条件

実地踏査は、街の歩行条件を評価する際によく利用されるツールである。いろいろな目的地のあいだを歩いて吟味・時間計測を行い、設定されたルート上に障害物がどれくらいあるか、待ち時間がどれくらいかかるか記録する。このページの事例は、シドニーで行った実地踏査を示している。これを見ると、待ち時間が（特に東西ルートを歩くとき）きわめて長いことがわかる。

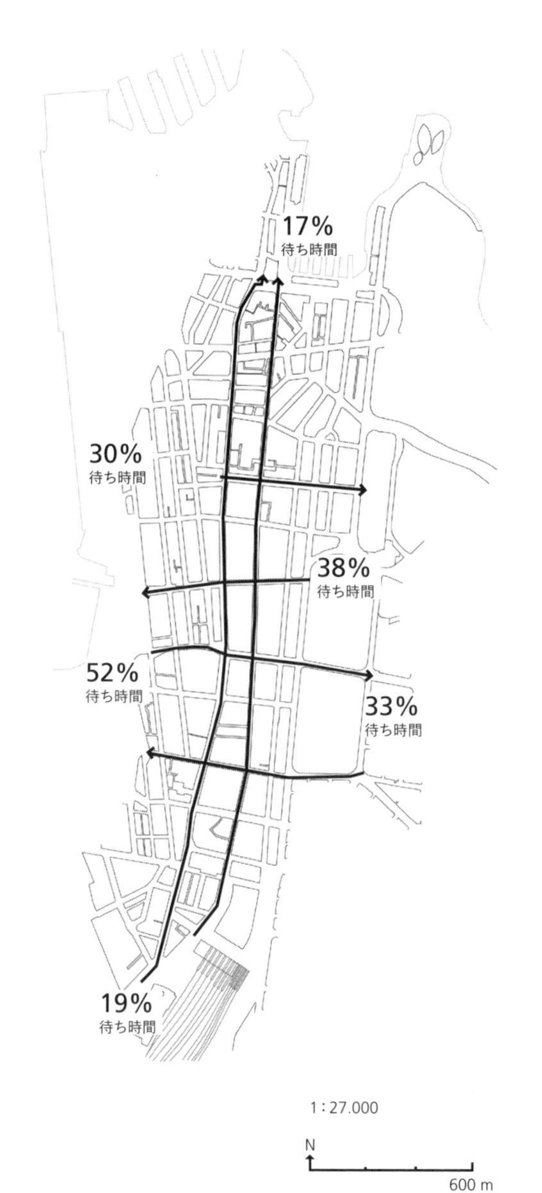

で開発された方法に基づいて行われた多くの公共空間／公共アクティビティ調査が含まれている。この種の調査は、いまや小さな地方都市から、ロンドン、ニューヨーク、モスクワのような大きな国際都市まで、世界中のさまざまな規模の都市において広く導入されている。人びとがどのように街を利用しているのか。それを体系的に調査することによって、一歩ずつ新しい思考法と人間優先の新しい公共空間計画に近づくことができる。

最終章では、公共空間／公共アクティビティ調査が政治的因子としても力を持つことが指摘されている。それは、コペンハーゲンの例が印象的に示しているように、次第に物の見方を変え、街の利用者にとって劇的な改善をもたらすことができる。

人びとが街をどのように使っているのか。『パブリックライフ学入門』は、その記録方法を説明した最初の手引書のひとつであり、幅広い関心を集めた。同書は、2013年にデンマーク語版がボーヴァケット社から、英語版がアイランドプレス社から発行されて以来、韓国語、ドイツ語、ルーマニア語、日本語、イラン語、ロシア語、中国語の版が出版、または出版予定になっている。

ヤンの従来の著書の人気は、彼の思想が一般の人びとのあいだで支持を広げていることを示唆している。一方、『パブリックライフ学入門』の人気は、この新しい専門分野が着実に勢いを増していることを示している。

2016年までの出版履歴

デンマーク語

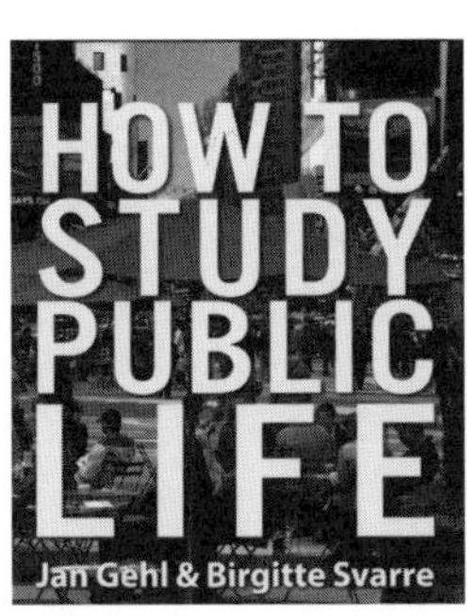

英語

韓国語

ルーマニア語

中国語

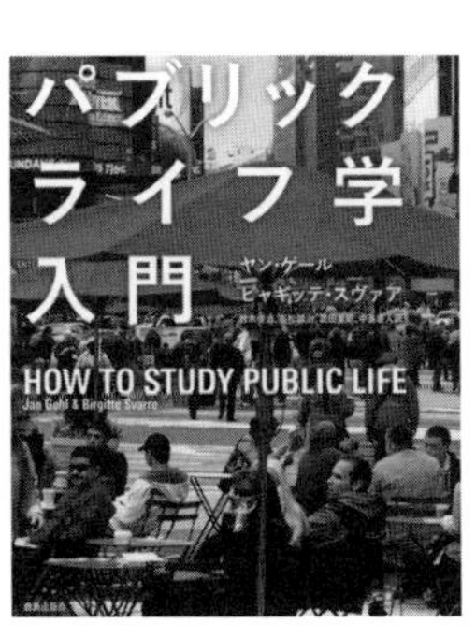

日本語

ドイツ語

Bourke St
Dotti

6

街を変える

街を変える

街は書物と同様に読むことができ、ヤン・ゲールは街の言語を理解している。

——リチャード・ロジャース卿、建築家、
ロンドン市長ケン・リヴィングストンの建築・都市計画主席顧問（2000〜2008）

ヤンが都市を手助けする活動を始めたのは1990年ごろである。建築学院都市デザイン学科で教鞭を執っていた彼にとって、それは「内職」であり、「純然たる余業」だった。北欧の国々は、コペンハーゲンが公共空間の働きを詳細に調査することによって大きな恩恵を受けてきたことに注目していた。ヤンを招いて同様の調査を行うことを最初に思いたったのはオスロ（1988年）であり、すぐにストックホルム（1990年）が後につづいた。オスロ調査は、コペンハーゲン調査と同様に、膨大なデータ収集を行う学術調査であり、結論を導く作業はノルウェイ人の手に委ねられた。しかし、この学術方式では十分な成果をあげられないことがわかったので、ストックホルム調査ではヤンが民間コンサルタントの立場をとり、初めての公共空間／公共アクティビティ調査を実施した。彼は、このやり方で「空間」と「アクティビティ」の両者を網羅する調査を進め、都心改善の概要を示す「提案」を行った。ストックホルムは、調査し助言を与える対象としてとりわけ興味深い街だった。大きな被害を受けずに両次の世界大戦を生き延びたストックホルムでは、1940年代と50年代の都市指導者たちが、中心市街地を取り壊して最先端の近代的都心を建設しようとした。皮肉なことに、その結果つくりだされたのは、戦災を受けて再建されたドイツや英国の街とそっくりの街であり、オーストラリアのメルボルンやパースともよく似た姿と機能を持つ街であった。ストックホルム調査は、この街のその後の発展にきわめて大きな影響を与えることになった。ヤンの回顧によれば、コペンハーゲン調査が北方に普及したのは、両都市の大学人脈によるところが大きい。

オーストラリアとの最初の交流、またスカンジナビア以外での最初の公共空間／公共アクティビティ調査——パース調査（1993〜94年）——の背後にも彼が大学で築いた人脈があった。パース調査につづいて、1994年にはメルボルンの最初の調査が行われ、その後20年以上にわたってオーストラリアとニュージーランドのほぼすべての主要都市で調査が実施された。文字どおり「それが地球の裏側でのすべての始まりだった」。

地球の裏側での最初の調査に加えて、この時期には、デンマークのさまざまな地方都市（その代表がオーデンセ）でも「内職」調査が行われていた。また、ヤンは1998年にエディンバラ市の依頼で興味深い仕事をしている。この街は世界で最も美しい街のひとつであり、ユネスコの世界遺産に指定されている。しかし、この並外れて高い質をもってしても、交通計画者たちのひどく粗雑な扱いから街を守ることはできなかった。ヤンによる

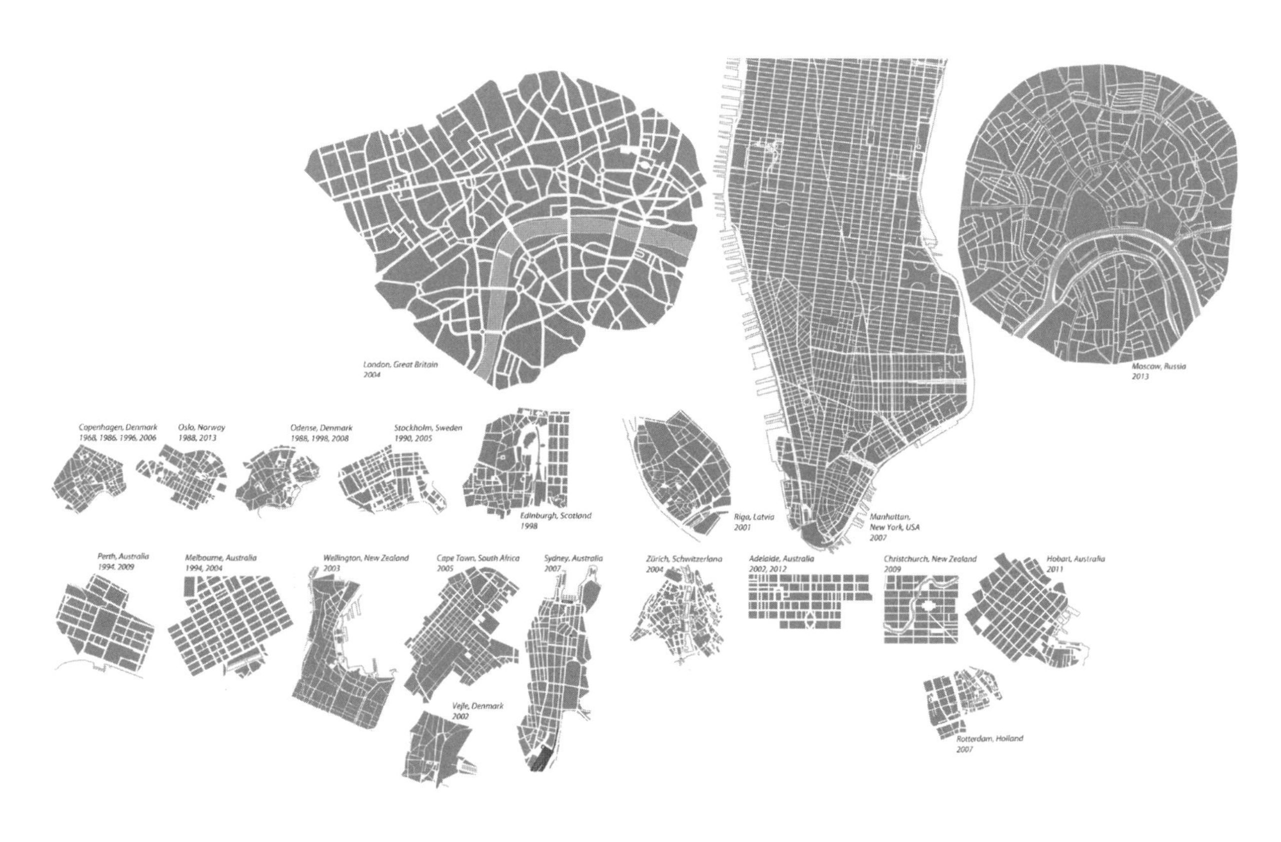

ヤンが公共空間／公共アクティビティ調査の実施に直接関わった都市の概要。ロンドン、ニューヨーク、モスクワ以外は、それぞれの都市の調査区域が図示されている。例外の3都市で調査が行われたのは、中心市街地の一部の街路・広場・公園のみである

1998年の報告書は、薄い冊子だが、きわめて批判的であり、この個性的な街の公共領域を真摯に改善する必要があると訴えていた。

ヤンを訪れる依頼者が増えたが、彼の「内職」事務所のスタッフは都市デザイン学科の卒業生で、入れ替わりが激しかった。そこで彼（と特にイングリット）は、本腰を入れるときが来ていることを悟った。2000年、63歳のときに、ヤンは都市の質を対象とするコンサルタント——ゲール・アーキテクツ——を設立し、建築家ヘーレ・ソールトを共同設立者・最高経営責任者にした。

ゲール・アーキテクツで「本職」のコンサルタントをするということは、手がけられるプロジェクトの数が大幅に増加することを意味していた。それまでであれば、ヤンは依頼人に言い訳がましく「もちろん喜んであなたの街を訪問したいのですが、試験が終わるまで待ってください」と言わなければならなかっただろう。しかし、いまや増加しつづける依頼に積極的かつ迅速に対応できるようになった。「住みよく、持続可能で、健康的な街をお望みなら、すぐにお手伝いできます」。

21世紀初頭の10年間には、オーストラリアとニュージーランドの都市と同時に、多くのヨーロッパ都市（2002年にノルウェイのドランメン、2001年にラトビアのリガ、2004年にスイスのチューリヒ、2007年にオランダのロッテルダム）とスカンジナビアのいくつかの小都市でも作業が行われた。そして、2004年には「超一流が加わった」。つまり、主要「大物」都市ロンドンで初めて仕事をすることになった。ヤンは、長年にわ

たってロンドンの公共領域顧問会議——議長はロンドン市長ケン・リヴィングストンの建築・都市計画主席顧問リチャード・ロジャース——のために講演や仕事をし、多くの有力な人脈を育てていた。その関係で、大都市初の公共空間／公共アクティビティ調査を行うためにゲール・アーキテクツが招かれたのである。さらに、この調査（本章で詳しく後述）が契機になって、ゲール・アーキテクツは2007年に始まるニューヨークの仕事を委託されることになった。ヤンは、ニューヨークでも一連の講義を行い、魅力的な街づくりに必要な認識を喚起するとともに、多くの貴重な交流を築いていた。その一人がジャネット・サディク＝カーンである。マイケル・ブルームバーグ市長が、2007年、都市の持続可能性を高める目的で有名なニューヨーク計画（PlaNYC）を発表したときには、コペンハーゲンとの直接的つながりが既にできていたのである。ほどなくして、ジャネット・サディク＝カーンがニューヨーク市交通局長に就任した。彼女は、計画局長アマンダ・バーデンとともにコペンハーゲンを視察し、その時点からヤンとゲール・アーキテクツのニューヨークへの幅広い関与が始まった。

2011年にモントリオールで開かれたエコシティ会議において、ヤンは十八番の講演を行い、コペンハーゲン、メルボルン、シドニー、ロンドン、ニューヨークが、いずれも住みよく持続可能な街に向けて着実に前進しており、公共空間／公共アクティビティ調査がその促進に一役買っているという「信じられないような話」を披露した。講演が終わると、モスクワ副市長のアントン・クルバチェフスキーが歩み寄ってきて、その場でヤンとゲール・アーキテクツをモスクワに招待した。モスクワに来て、街の改善に手を貸してほしいというのである。ヤンと彼のチームは、その年のうちにモスクワで作業を開始した。そして、2013年までに調査結果を提出し、2016年にはこの巨大都市のいたるところで目を見張るような成果が現れていた。

モスクワ調査以来、あちこちの大陸で大小さまざまな都市の調査がつづいた。ゲール・アーキテクツの仕事は、いまもさまざまなチームの手で多方面に展開しつつあり、世界各地の都市においてそれぞれにふさわしい方法で調査が進められている。モスクワ調査の後、ゲール・アーキテクツでは、共同経営者・取締役ヘンリエット・ヴァンベルクのもとで、新しい世代が中心になって仕事を進めている。

ヤンは、本章で紹介する都市プロジェクトに直接関与し、プロジェクト統括者として指導にあたってきた。また、多くの場合、ヘンリエット・ヴァンベルクが「チーム仲間、気心の知れた友」として協力してきた。これらの都市を取りあげたのは、そのどれもがヤンにとって「自分」の街だからである。彼は、「これらの人びとと場所のすべてを、それぞれ深く愛している」。

本章に収録された都市は、ヤンが都市に与えた影響の大きさを雄弁に示している。それぞれの都市は、ヤンの調査と洞察をもとに独自の発展を遂げているが、彼の業績と思想は永続的遺産として残っている。

ヤン・ゲールとオーストラリア、ニュージーランドの都市

オーストラリア各地の都市との協働は1993年に始まり、いまもつづいている。いくつかの都市では追跡調査も行われている。オーストラリアとニュージーランドのすべての主要都市（キャンベラを除いて）は、長年にわたってヤンと彼のチームの助言を活用してきた

1970年代にメルボルンとパースに客員教授として招かれて以来、ヤンはオーストラリアと長いつきあいがあり、オーストラリアという場所と文化、特にそのユーモア感覚、遠慮のない開放性、住みよく持続可能な都市に対する広範な関心に特別な親近感を持っている。パース（1993〜94、2008〜09）とメルボルン（1994、2004）につづいて、オーストラリアにおけるヤンとゲール・アーキテクツの影響と関与は、主にクチコミを通じて広まり、アデレード（2002年と2011年の2度にわたる公共空間／公共アクティビティ調査）、シドニー（2007年からの仕事がいまも継続中）、ブリスベン（2009年にクイーンズランド州政府から郊外住宅地調査の委託）、ホバート（2010）、ローンセストン（2010）、ウロンゴン（2014）など、多くのオーストラリア都市から委託を受けることになった。ヤンは、ニュージーランドでも多くの活躍をしてきた。彼と彼のチームは、オークランド（2009〜10）だけでなく、ウェリントン（2004）やクライストチャーチ（2009年、および2011年の大地震後）でも仕事をしている。

換言すれば、その理念は「まるで野火のように地球の反対側に拡大した」。世界のどこを見ても、人間指向の都市計画の重要性を説くヤンの話が、オーストラリアとニュージーランドほど広く浸透した地域はない。そこでは、いまや両国のすべての主要都市（キャンベラを唯一の例外として）で、スカンジナビア起源の計画原理が開発の指針として用いられている。ヤンは、いつもスカンジナビアとオーストラリアの生活の質と街の質の一般的様相には多くの類似点があると主張していた。世界の住みよい都市のリストを見ると、ほとんどのリストで、この2つの地域の都市が上位の過半を占めている。それは、両地域で質の問題が都市計画で高い優先順位を与えられていることの反映である。

ゲール・アーキテクツ
——ヤン・ゲールの物語

ヘーレ・ソールトとヤン・ゲール

2000年5月1日、ヤンはヘーレ・ソールトと共同でゲール・アーキテクツを設立した。ヘーレは、1998年にコペンハーゲンの建築学院都市デザイン学科を卒業して建築家になった。彼女は、コペンハーゲンで学んだ後、都市デザインの修士号を得るため、米国シアトルのワシントン大学に留学した。この時期、彼女は断続的にヤンの「内職」オフィスの手伝いもしており、誰の目から見ても新しい計画事務所の共同経営者に適任の存在になっていた。設立当初から、ヤンが長年の研究で培った洞察を提供するのに対して、ヘーレは事務所の経営を担当する役割分担が確立していた。

新事務所はすぐに軌道に乗り、コペンハーゲンだけでなく（主にオーストラリアの）いくつかの都市で仕事を手がけ、アイルランドとノルウェイのニュータウン計画に携わった。わずか5年で依頼主とプロジェクトの数が劇的に増え、所員数も増加した。2008年から2011年にかけて景気が後退したにもかかわらず、事務所が手がけたプロジェクト数とプロジェクトが実施された国の数は着実に伸びつづけた。事務所では、多種多様なプロジェクトがもたらす課題に対応するため、多彩な経歴を持つ人びとが雇用された。これらのことについては https://gehlpeople.com/ に紹介されている。

長年にわたり、ヘーレは指導者として才能を発揮し、質と規模の両面でゲール・アーキテクツを成長させ、ニューヨークとサンフランシスコに支社を設立し、2016年には70人を超える所員を指揮していた。また、カザフスタンのアルマトイ、中国の上海、日本の東京などで簡略版の公共空間／公共アクティビティ調査を実施し、現在も数多くの多種多様なプロジェクトを手がけている。

ヤンは、75歳になった2011年に事務所から身を引きはじめ、共同経営者に降格し、株式の一部を次世代の仲間に売却した。ゲール・アーキテクツでは、2016年までに6人の共同経営者が誕生し、ヤンは少し距離を保った上級顧問として、次世代の仲間が彼の理念を世界の隅々にまで伝えつづけていくのを見守ることになった。

ゲール・アーキテクツ 2008

オーストラリア メルボルン 1994〜2004

メルボルンの調査区域　約1:50,000

メルボルンは、いまや世界で最も住みよい都市のひとつとして頻繁に名前があがるようになっている［*46］。しかし、昔からそうだったわけではない。メルボルン市は、この誰もがうらやむ地位を獲得するために、人間重視の街をめざして一歩ずつ、調整をはかりながら、首尾一貫した変化を積み重ねてきた。

メルボルン市で起きた変化は、デザイン局長のロブ・アダムスが主導したものであり、ヤンが最も感銘を受けたのものひとつである。ヤンは市の招きを受け、2回の公共空間／公共アクティビティ調査（1回目は1994年、2回目は彼が指揮するゲール・アーキテクツによる2004年）に協力した。この2回の調査は、メルボルンが人間重視の街に向かって劇的変化を遂げたことを示している。そして、『エコノミスト』誌の調査部門による2014／2015年の「世界で最も住みよい都市」に名を連ねるうえで、この変化が大きな力になった。

ヤンがメルボルン大学とメルボルン王立工科大学に客員教授として招かれた1970年代には、メルボルンの都心は経済的に衰退し、人口も減少していた。そこで、ビクトリア州政府と非政府組織のメルボルン委員会（1985年設立）が調

ゲール・アーキテクツとメルボルン市は、オーストラリアにおける都市の質向上に貢献したとして2006年のオーストラリア都市デザイン賞を受賞した。

メルボルンは昔から街路の街だった。しかし、多面的な公共アクティビティを発展させるには広場がきわめて重要である。現在のメルボルンには、2つのすばらしい都市空間——市役所広場とフェデレーション広場——がある。フェデレーション広場（左）は、オーストラリアのベスト公共広場に選ばれている

メルボルンの改造には、総合的な歩道拡幅、砂岩敷石の舗装、多数の街路樹、世界最先端の街路ファニチュア計画が含まれていた。上と左の写真は、スワンストン通りの改修前後の様子を示している

査を行い、都心を「人口300万を超える都市圏の活気ある魅力的拠点」[*47]として再活性化するための行動計画を策定した。しかし、街路の具体的な将来像が抜け落ちていた。

ロブ・アダムスは、1994年に都心の公共空間／公共アクティビティ調査を実施するにあたって、ヤンに助力を要請した。このとき彼は、生き生きした魅力的な都心と公共領域を実現するため、専門的な意見交換を望んでいた。ヤンは、アダムスと緊密に協力して街を調査し、都市改善に焦点を絞って、必要かつ野心的な目標リストを作成した。

その後10年にわたって、メルボルン市と州政府は包括的な計画を実行に移した。そこには、街路と路地の改善、新しい広場の設置、都心の住宅増設、道路容量の削減、有名な路面電車の拡充、新しい商業活動の促進プログラムなどが含まれていた。

その結果、中心市街地の経済が劇的に好転し、経済、人口、観光などの指標に顕著な改善が見られた。こうした動向の根底にあったのは、ヤン、そしてとりわけロブ・アダムスの強力な指導によって進められた公共空間／公共アクティビティ事業に関連した改善である。

ヤンはそれを次のように説明している。この街は、「ぞろぞろと目的地に向かうアリのように、また用が終わって巣穴に戻るアリのように……人びとが一

多くの狭い裏路地が再生されたことは、メルボルンで最も注目すべき成果のひとつである

野心的な自転車インフラ計画は、コペンハーゲン方式の自転車レーンを採用している。それは、多くの都市がいまでも採用しているような自転車利用者を使って駐車中の自動車を保護するやり方ではなく、駐車している自動車を使って自転車利用者を保護する方式である

斉にオフィスに急ぎ、家に戻る街」から「心地よくそぞろ歩きを誘い、時を過ごし、座り、楽しみたくなる街に変身」した[*48]。しばしば彼は、「いまやメルボルンはパリのような雰囲気と質の高さを備えているが、はるかに気候に恵まれている」と強調している。

ロブ・アダムスによれば、『人間のための場所』と題されたメルボルン公共空間／公共アクティビティ調査が成功した理由のひとつは、ヤン、ゲール・アーキテクツ、市が協力して調査の勧告と目標をまとめ、それを市が承認し、市のプロジェクトと戦略事業に組み込んだためである[*49]。調査と人間重視の街づくりへの移行は継続的に進められ、長年にわたって一貫性をもって実施され、市が明確かつ持続的なかかわりを持ってきた。公共空間／公共アクティビティ調査は、計画実施の支持を獲得するのに大いに役立った。市は、市内全域の重要箇所に設置した電子式計測器を使って、歩行者数を定期的に記録している。さらに、市は独自の公共アクティビティ調査を行い、歩行が都市にもたらす価値の経済的評価に基づいて、2015年に歩行計画を公表した。いまでは公共空間と公共アクティビティの体系的な記録・考察が市の定期的業務になっている。ヤンは、すべての都市がこれと同じ方法で公共アクティビティに取り組むべきだと考えている。

私のヤン・ゲール物語

ロバート・アダムス
メルボルン市都市デザイン事業局長

私は、市の戦略計画1985の策定に参加し、その後、引きつづき計画実施に携わるように要請を受けた。計画ビジョンの骨子は、1980年代に一貫して衰退の道をたどってきた街を、「メルボルンらしさの感じられる24時間都市」に生まれ変わらせようとするものだった。歳入が乏しかったので、計画では、メルボルンが持っている既存の強みを活かしながら漸進的開発を行う戦略が採用された。

私が初めてヤンに会ったのは1993年のことである。計画がメルボルンのさまざまな事業を通じて実現されるようになって10年近くが経過していた。しかし、これらの事業は規模が小さく少しずつ進められていたので、ぬるま湯のなかでゆっくり温まるのに似て、地域の人びとは変化が起こっていることに気づいていなかった。この事実を念頭に置き、また各地の都市で変化を測定してきたヤンの業績を知って、私たちは彼と連絡をとった。そして、私たちの計画を評価し、人びとに伝えるにはどうすればよいか、助言してもらえるかどうか確かめようとした。

その成果が1994年に刊行された最初の『人間のための場所』である。この報告書のために、私たちのチームは協力して都市アクティビティとアメニティの要素を測定・評価した。こうして得られた一連のデータは、その後の変化の評価基準として重要な役割を果たしている。しかし、私たちの取り組みに予想以上に大きな影響をもたらしたのは、ヤンの知識と熱意だった。彼は、よく知られた独特のやり方で、私たちが直面していた多くの変化や課題に即座に立ち向かい、道を切り開いていった。地元の声はなかなか聞いてもらえないが、第三者の彼はその障壁を突破し、私たちが次の10年の行動計画を売り込むのを助けてくれた。また彼は、意見を交換し、知識を共有することのできる貴重な親友になった。

つづく10年のあいだに、ヤンは何回かメルボルンを訪問して会議や講演会に出席し、すぐれた都市デザインの推進に寄与した。彼は、計画成果を測定するメルボルンの熱心な取り組みを高く評価し、それを国際舞台に広める活動を始めてくれた。

1992年、ヤンと最初の調査を行う直前にメルボルンにとって大きな前進があった。市が、中心市街地にもう一度住民を呼び込む野心的計画に着手したのである。メルボルン市の郵便番号に因んで「ポストコード3000」と呼ばれたこの計画は、1980年代後半の不動産市場の暴落を受けて立案され、空いている商業オフィス空間を活用して、それを住宅に転用しようとしたものである。1985年の計画は、15年間で都心に15,000戸の新規住戸を供給することを目指していた。「ポストコード3000」は大きな成功をおさめ、1985年に685戸だった賃貸住戸が2000年には15,000戸に増加した。この成功のおかげで、そして漸進的変化の計画が成長をつづけた結果、2004年にヤンと二度目の共同調査をしたときには、街が完全に変わっていた。

『人間のための場所 2004』と題された2回目の調査は、1994年調査の精巧版であり、過去20年のあいだにメルボルン都心部で起きた意義深い変容をはっきり描きだしていた。また、それは既に実現されていた継続的な取り組みを基礎にすべきことを示していた。ゲール・アーキテクツとの協働によって、洗練された方法でデータを示し、それを容易に利用できるようになったので、こうした変容の物語を明快に伝えることが可能になった。ヤンは、メルボルンの物語を世界各国に語り伝えてくれた。彼の働きは、国際的イベントの増加や2006年の英連邦総合競技大会とあいまって、メルボルンを国際舞台に押しあげた。

ヤンとの友情と彼の知識・情熱に対する敬愛は、年を追って深まり、2006年後期にコペンハーゲンで過ごした6か月の研修休暇によってさらに高まった。

この時期、ヤンは建築学院に設置した公共空間研究センターの所長を務めると同時に、ヘーレやラースを筆頭に有能なチームを擁するゲール・アーキテクツを運営していた。幸運なことに、私はこの二重の実務体験をともにすることができた。それはまさに特権だった。彼らの価値観と一致協力した取り組みを身近に見て、なぜ彼らが都市デザイン領域で格別な力を持つようになったのか、理由がよくわかった。大学外で私たちは、EUの議長国を引き継ぐドイツのために、連邦交通・建設・都市問題省に依頼された調査を行っていた。『建築文化——成長の推進力、欧州都市への好例』と題した調査は、状況を好転させた12都市の事例調査を取りあげていた。メルボルンは、ヨーロッパの都市ではないが、道筋をつけることに成功した。それ以来、私たちの友情は距離の壁を超えて継続し、ニューヨークを含むいくつもの都市プロジェクトに協力して取り組んできた。そこでは、ともに学んだ教訓が大いに役立った。

私の最大の喜びは、ヤンが『建物のあいだのアクティビティ』を出発点に築きあげてきた形成的思考が遅ればせながら高く評価されたことである。同書は、私にとってジェイン・ジェイコブズの『アメリカ大都市の死と生』と並んで20世紀で最も重要な都市デザイン書のひとつである。都市は世界経済にとって経済的・社会的・環境的推進力として重要な役割を果たすが、その点に対するヤンの影響の大きさがいまようやく認識されつつある。そして彼は、80歳になっても少しも衰えを見せていない。

メルボルンへの移住(Move to Melbourne)は悪い考えではない。この街は、「世界で最も住みよい都市」のひとつとして繰り返し名前があがっている

英国 ロンドン 2002～2004

ロンドン　渋滞税の適用区域
約1:58,000

ロンドンにおける公共空間／公共アクティビティ調査は、ヤンとゲール・アーキテクツにとって画期的な出来事である。彼が人口700万人を超える大都市で調査を行うのは、これが初めてだった。ロンドン市長ケン・リヴィングストンは、彼の都市計画・建築顧問リチャード・ロジャースとともに、「街に人を呼び戻すこと、そして良質なデザインの重要性を説くこと」に心を砕いていた［*50］。2003年に市は、広大な中心市街地——最終的に譲歩してロンドン中心部の約23km^2——に乗り入れる自動車に対して課金する渋滞税を制定した。

ロンドン公共空間／公共アクティビティ調査は、ロンドン運輸共同企業体の委託を受けて2003年から2004年に実施された［*51］。その規模と複雑さ（都心の広さに加えて、さまざまな機能中心が都心の外側に立地）のため、調査を行うには新しい調査手段と方法を開発する必要があった。都心全域を調査することは不可能であり、限られた区域と側面を選択しなければならなかったので、調査場所を慎重に検討する必要があった。そこで、鍼治療的手法が導入された。この手法では、代表的サンプルとして選ばれた街路・広場・公園の調査を行い、それらが全体として、この巨大かつ複雑な都市の問題と可能性の典型的側面を示すように考慮された。

調査では、ロンドンは多くの魅力的な特質を持っているが、自動車交通に圧迫されており、高齢者、障害者、車椅子利用者、ベビーカー利用者など、移動が不自由な人びとにとって特に厄介な街であることが明らかになった。そこでは、多くの場所で、歩行者数に対して十分な歩道が用意されていない。歩道が混雑し、無数の障害物が歩行者の進路を阻んでいる。道路の横断は、たいていひどく面倒である。人びとは、横断のたびに丁寧にボタンを押さなければならない。そして、点滅信号が赤に変わる前に、走って道路を渡らなければならない。標識は不十分なうえに紛らわしく、公共空間にはたいてい座る場所がない。ヤンとゲール・アーキテクツのチームが招請されるまで、歩行者の移動パターンや歩行者数はほとんど記録されていなかった。

「この報告書の目的は、主要な意思決定者や供給担当者にロンドンの公共空間改善方法を提示し、変化のきっかけをつくることである。」［*52］
パトリシア・ブラウン、
セントラルロンドン・
パートナーシップ
CEO

ロンドンには多くの長所があるが、2003年にゲール・アーキテクツのチームが捉えた歩行者景観の質はかなりひどいものだった

簡単なチェック項目を使って歩行者環境の質を評価した――通過の歩行者？ 横断？ 迂回？ 座っている？ おしゃべり？ 目の高さの気候？ 美観とデザイン？ 日没後の状況？

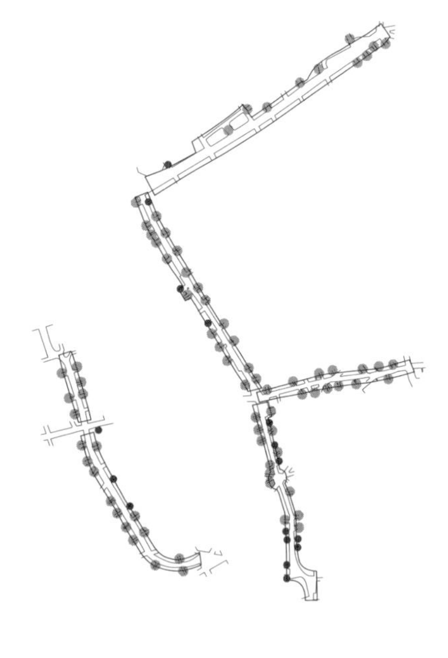

不必要な歩道の切り下げがロンドン名物であることが判明した。リージェントストリートとトッテナムコートロードを含む調査対象街路で、街路地図に示したように、合計74か所の不必要な歩道切り下げが見つかった

ヤンとゲール・アーキテクツは、『人間のための素晴らしい都市をめざして』と題した最終報告書のなかで、ロンドンの可能性に対する認識を変えることに焦点を絞り、段階的変化の戦略を提案した。この提案は、多くの都市広場やテムズ川河畔の水辺空間など、ロンドン特有の特質を評価し特筆することに重点を置いていた。道路安全の重点化、一貫性を持った歩行者政策と都市デザイン政策の展開、歩行者優先街路の導入、アートの活用、緑化とベンチ整備、市内での自転車利用促進など、多くの解決策が提案された。

その後、多くの物理的変化が実現された。しかし、ロンドン市内への影響は、現実の物理的変化より考え方の変化の方が大きかったと見られている。少なくとも部分的にヤンとゲール・アーキテクツの影響を受けた変化は、テムズ川沿いのビーチ、歩車共存街路(たとえばエキシビションロード)、トラファルガー広場の歩行者空間化、ピカデリーサーカスの再整備、サウスバンク沿いの遊歩道増設など、市内各所のレクリエーション関連の整備が多い。

2004年のロンドン調査では公共空間の質に多くの欠陥が見られ、報告書『人間のための素晴らしい都市をめざして』は幅広い提案を行った。それなのに、ニューヨークやモスクワなどの都市に比べて実施される「改善の進みが遅い」と、ヤンはよく嘆いていた。ロンドンは多くの自治区を抱え、政治構造が複雑であり、また少数の地主が広大な土地を所有していて、利害関係者の立場が強い。そのため、意思決定の手続きが難しくなっている。市からも区からもゲール・アーキテクツに対して追跡調査の依頼がないのも、それが理由と思われる。しかし2004年以降、彼らはいくつもの大手不動産会社から依頼を受け、多くのコンサルタント業務を手がけている。メイフェアとベルグレイビアでグロヴナー不動産が所有している街路と広場を改良した計画はその一例である。

近年、ロンドンでは街路や広場の改善が多く見られる。新しい呼び物のひとつが、夏季の何日間かあちこちの街路を車両進入禁止にするサマーストリートの導入である。右の写真は、自動車を締めだした伸びやかなリージェントストリート

ロンドンでは土地の大部分を少数の利害関係者が所有しているので、区ではなく利害関係者が改善を行うことが多い。右の2枚は、メイフェア地区のマウントストリートにおける改修前後の写真である。このプロジェクトは、グロヴナー不動産が着手し、ゲール・アーキテクツが計画を担当したメイフェア改良総合戦略の一部である

ヨルダン アンマン 2004〜2006

アンマンにおける調査と仕事は、ヤンにとって特別な意義を持っている。

アンマン市の仕事は、他の多くの都市プロジェクトと同じような始まり方をした。つまり、地元で都市改善に対する関心が高まり、さまざまな経路を通じてヤンがアンマンに招かれ、講演をしたのである。

この講演がきっかけになって、ヤン(およびゲール・アーキテクツのチーム)とアンマン委員会——ヨルダン王から首都改善の委託を受けた著名建築家と学者のグループ——の協働が始まった。

ヤンと彼のチームは、簡易版の公共アクティビティ調査を実施し、アンマン市内各所の地区や公共空間を改善する提言を行った。そのひとつが、東アンマンのアシュラフィエ地区に広場を新設するという提言だった。この人口密集地区には、多くのパレスティナ難民が住んでおり、オープンスペースが皆無に近かった。この地区には重要なモスクと市の中心病院が立地している。そこに地区の多様性を反映した大きな公共広場をつくるのが提言の意図であった。それを受けて建設された広場は、オープンスペース不足に悩んでいた地区に待望のくつろぎ場所を提供することになった。

その他、アンマン委員会の求めに応じて実施されたプロジェクトには、スウェ

アンマンの街は、丘の連なる壮大な環境のなかに立地し、幹線道路は谷間を走っている。どこから眺めても折り重なる家々が目を引くだけでなく、屋上が都市景観全体のなかで重要な役割を果たしている。建物の色彩と屋上空間の構成について規則が定められていて、貴重な視覚的一体感が保たれている

東アンマンのアシュラフィエ地区には、公共オープンスペースが欠けていた。可能性のある敷地を選定し、2007年に新しい広場が設けられた(アブダルウィーシュ広場、都市デザイン指針:ゲール・アーキテクツ、設計:ティバー・コンサルタント事務所/アイマン・ツァイター)

左:新しい広場から街を展望することができる

右頁:整備前と整備後

フィエ地区におけるワカラ通りの歩行者優先街路化、古いローマ劇場を中心とする歴史地区の改善、丘の上に建設される予定だった高層ビルを谷間に移し、街の個性的なスカイラインを守る計画などがある。

いつもヤンは、長年のあいだに彼が関わってきた多くの都市やプロジェクトを振り返って、献身的で活発なアンマン委員会を最も満足のいくもののひとつだったと言っている。

オーストラリア　シドニー
2007

シドニー中心部の調査区域
約1:50,000

シドニーは、オリンピック、国際首脳会議、水辺の散策にはうってつけの街である。しかし、中心街を利用する人びとが享受できる環境の質については、長年のあいだ特筆すべきもののない街だった。それが、2006年にゲール・アーキテクツが支援要請を受けた背景である

ヤンとゲール・アーキテクツは、2007年に都心地区の比較調査を行うためシドニーに招かれた［*53］。この調査は、市の野心的な長期戦略ビジョン「持続可能なシドニー2030」の一部として構想されたものである。

シドニーは、絵のように美しい自然景観と名高い海岸地区に恵まれているが、それを除けば自動車交通が街をほぼ支配しており、その結果、歩行者と公共アクティビティがひどく粗略に扱われている。それが調査の結論であった。中心街は、多くの道路と交通、特に中心街とサーキュラーキーの埠頭のあいだを横断する高速道路と巨大な鉄道駅によって、多くの魅力的資源から実質的に切り離されていた。市街地における日常的移動の90%が歩行を含んでいるにもかかわらず、街路は歩行者にほとんど配慮していなかった。調査は、全体として市がもっと人間を重視した計画とデザインに取り組む必要があると結論づけていた。

シドニー市は、この調査勧告に応えて、目抜き通りのジョージストリートを歩行者街路化し、バスに代えて新型路面電車（LRT）を導入し、市全体の自転車戦略を

シドニー市は、気候変動に対処する特別戦略を持っている。「シドニーは環境にやさしい街になることを宣言する」

長年、目抜き通りのジョージストリートは自動車と騒音と大気汚染に支配されてきた。2016年、この街の背骨を歩行者と新型路面電車の通りにする改造事業が始まった

策定した。ジョージストリートの歩行者街路化は政治的難題であった。計画の進捗には、調査報告書の存在に加えて、多くの住民集会に出席し、マスコミ報道に幅広く登場したヤンの存在が大きな力になった。

ジョージストリートを走る路面電車は、街の背骨を貫き、多くの重要地点を通り、サーキュラーキーの埠頭地区とニューサウスウェールズ大学を結ぶ予定である。このプロジェクトの一貫として、ジョージストリートの主要部分が歩行者街路化され、他の部分も広い歩道を持つ遊歩道に改造される。それによって歩行者と屋外カフェや屋外活動のためのゆったりした空間が生みだされる。シドニーは、持続可能な都心改造に取り組んでいる点が評価され、2016年にリー・クアンユー世界都市賞特別賞を受賞した。

改善は都心の範囲を超えて広がり、市政府は、州政府と協力して自転車・歩行者ネットワークを整備し、自転車・歩行者専用路によって都心と郊外地区を結んでいる。

シドニーへの
ヤン・ゲールの影響

クローヴァ・ムーア
シドニー市長

ヤン・ゲールの公共空間／公共アクティビティ調査は、シドニー市の今後20年以上にわたる長期戦略ビジョン「持続可能なシドニー 2030」の不可欠な一部をなしていた。

ヤンは、素晴らしい公共の渚、オペラハウスやハーバーブリッジをはじめとする壮大な歴史的建造物、広々とした公園緑地、個性的な地形など、街の評価すべき特質を数多く抽出している。しかし、都心部に車両交通とバスと騒音があふれていることも指摘していた。彼は次のように問いかけた。あなた方にとって大切なのは、人間なのか自動車なのか？

彼が提示した将来像は、ジョージストリートを街の中心連結軸に設定し、新型路面電車（LRT）とゆったりした歩行者空間を導入して、この通りを街の2つの玄関口（サーキュラーキーとレールウェイスクエア）を結ぶ公共交通モールに改造するものだった。サーキュラーキー、市役所、中央駅の3か所に設けられた市民広場がそれにアクセントを添える。

ヤンの調査は、私たちがシドニーの政府や有力企業を説得し、都心部の潜在的可能性を最大限に引きだすことの重要性を納得させる力になった。彼は、意欲的で洞察に富んだ理念と提案を提供してくれた。それらは時宜を得た包括的なもので、戦略的な面でも細かい点でも「持続可能なシドニー 2030」に役立った。

ヤンの調査は、街の将来や公共アクティビティと屋外レジャーの重要性に対する私たちの考えを補強してくれた。

ヤンは偉大な伝達者である。彼の仕事に対する情熱は人びとの心を動かし、街の質を向上させる力を持っており、住みやすく、歩行者にやさしく、活気に満ち、胸躍る街としての本当の可能性を解き放つことができると気づかせてくれる。

シドニーは、目標を達成するための戦略と事業計画を、市民に向けて入念に告知している。「この街では、歩き自転車に乗ろう」

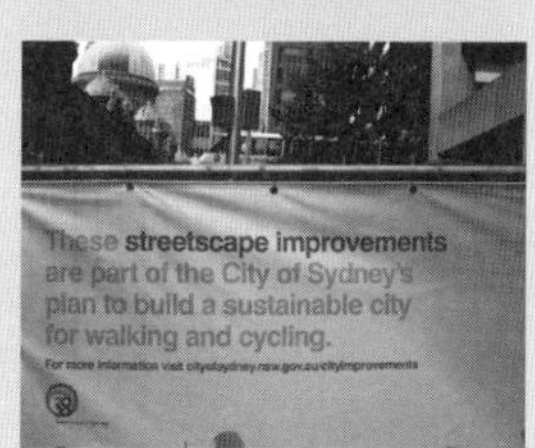

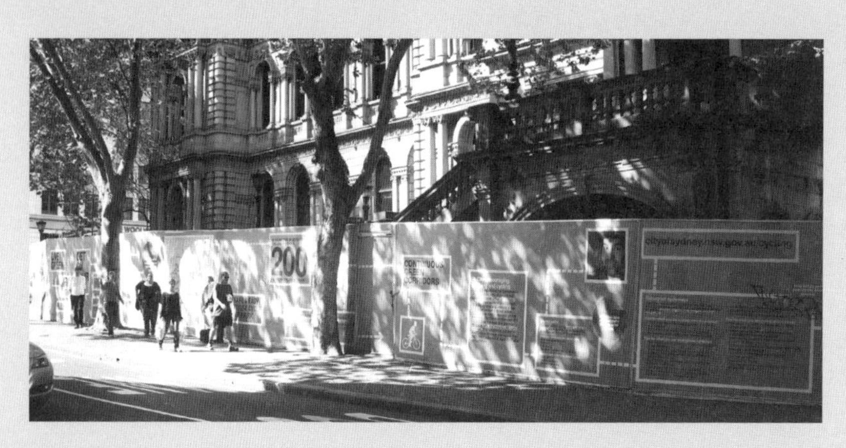

キングストリートの自転車レーン第1期工事を視察するヤン。一行の頭上にデンマーク国旗が誇らしげにはためいている（この街角は、デンマーク皇太子が皇太子妃メアリーと出会った場所である）

「緑のシドニー」戦略の一環として、野心的な新しい自転車レーン計画が展開されている

「さようなら、シドニー」　改善計画の最初の仕事のひとつは、街路からモノレールを撤去する工事だった。モノレールは、交通機関として有効な役割を果たしておらず、騒音をあげて走り、支柱が歩行者交通の障害になっていた

米国　ニューヨーク 2007～2013

ニューヨーク
セントラルパーク以南
約1:50,000

ビッグアップルは世界的な重要性を持ち、都市計画家に大きな影響を与えている。ヤンにとって、ニューヨーク市交通局顧問としての役割はきわめて意義深いものだった。彼が好んで口ずさむように(フランク・シナトラをまねて)「そこでやれるなら、どこででもやれる」。

2007年、ジャネット・サディク＝カーンが局長を務めていたニューヨーク市交通局が、ゲール・アーキテクツに公共空間／公共アクティビティ調査の実施を依頼した。調査の目的は、人びとによる街の使い方に対する交通局の理解を深め、交通手段のバランスを改善し、市の公共空間「再生」を可能にする「広範な野心的計画」に対して情報を提供することであった［＊54］。

ニューヨークでは多くの人びとが歩いており、しばしば歩道が過密状態になっている。休息や楽しみのための場所はほとんどない。そこには改善の余地がある

ニューヨークで行われた調査と作業は、調査地点(対象地点が中心市街地だけでなく郊外を含んでいる)と成果の両面で他の都市と異なっている。ニューヨーク市交通局は、独自の報告書『世界一流の街路：ニューヨーク市公共領域の刷新』［＊55］を作成し、収集データの重要側面と独自の公共領域戦略の概要を公表した。他の都市では、ヤンが報告書を作成し、それを提案とともに市に提出している。ニューヨークはそれと異なっているが、その報告書にはヤンの理論と手

metro

Entertainment
Winter arts guide
p/12

Walk this way

Planner points city, groups toward an unclogged New York

ヤンの人生でただ一度だけ、彼の言葉が100万部以上配布された

ニューヨーク市交通局長ジャネット・サディク=カーンと計画局長アマンダ・バーデンは、2007年6月にコペンハーゲンへの短い視察旅行を行い、人にやさしい都市戦略の詳しい内容を学ぶ機会を持った。それが、ゲール・アーキテクツが顧問として参加するきっかけになった

法が組み込まれている。

調査の結果、予想どおり街では多くの歩行者が混雑した歩道を歩いており、そこには座ったり時を過ごしたりする場所がほとんどないことがわかった。街には公共の場所がわずかしかなく、たいてい利用しにくく感じが悪かった。ニューヨークの街路は、主に他の場所に向かう途中でさっさと通り抜けるべき場所だった。

ニューヨーク市交通局は、この調査結果から、変化を起こし、迅速な勝利に的を絞るために必要なデータと情報を得ることができた。交通局は、2008年早々に、市内全域で素早く変化を起こしはじめた。

この変化には、歩道の拡幅、広場の新設（しばしば道路空間や駐車空間を転用）、安全のために歩行・自転車・自動車の領域を明示して街路利用をわかりやすくする改良などが含まれていた。変化の多くは、まず社会実験として試行され、何がうまくいき、何がうまくいかないのか検証された。

市は、この変革の一環として一連の暫定街路プロジェクトに着手した。「サマーストリート」がその一例であり、マンハッタンのパークアベニュー南部を含むいくつかの街路で、8月の日曜日に歩行者天国が実施された。サマーストリートの期間中、人びとは街路で自由に歩きまわり、自転車に乗り、ダンスやさまざまな運動などの活動を行うことができる［＊56］。2015年には30万人以上の人びとがサマーストリートに参加した［＊57］。

最も目につく街の変化は、新しい広場と自転車用施設の増加である。市は、2007年から2009年にかけて約300kmの自転車道を増設した。そのなかにはブロードウェイといくつかの大通り沿いの専用自転車レーンが含まれている。自転車通勤者の数は、2007年から2011年のあいだに倍増した。自転車利用者数は、改善当初ほどの速さではないが、いまも着実に伸びつづけている。交通局のホームページ（nyc.gov/dot）によれば、現在、ニューヨーク市は843kmの自転車レーンを保有している［＊58］。

数年前まで、私たちの街の街路は50年前と同じだった。何かを50年も更新しないでいるのは、うまいやり方ではない。私たちは、いまの人びとの暮らしに合わせて街路を更新しようとしている。自動車のための街ではなく、人間のための街をデザインしようとしている。［＊59］

——ジャネット・サディク=カーン

2008年にニューヨークの新しい自転車戦略が開始される前、活動家グループが、問題を指摘するこのような風刺ポスターを作成した

2007年以来のさまざまな変化によって、人びとが利用することのできる空間がそれ以前の11倍に増加した。これは驚くべき実績である。すべての変化のなかで最も劇的かつ象徴的なのは、タイムズスクエア、ヘラルドスクエア、マディソンスクエア、ユニオンスクエア周辺におけるブロードウェイの歩行者空間化と、ブロードウェイを緑の並木通りに変身させた再開発である。2007年の調査によれば、タイムズスクエアでは歩行者の深刻な渋滞が生じていた。狭い歩道を1日あたり15万人が通行し、歩くのがまったく不可能に近い状態だった。

人にやさしい空間を増やすため、交通局は、2009年5月にブロードウェイ（42丁目と47丁目のあいだのタイムズスクエア）から通過交通を締めだす社会実験を開始した。こうして生みだされた新しい広場の初期調査によれば、この地区から自動車を締めだすことによって人身事故と汚染物質が減少し、交通管理を改善した結果、地区内の他の街路や大通りの交通循環が円滑になった。周辺の商業収益も上昇した。道路の一部を自動車乗り入れ禁止にすることによって、その区域に面する商業売上げが14％増加したのである［*60］。

この試験的な道路閉鎖は2010年2月に恒久化され、2010年に選定されたノルウェイの建築事務所スノヘッタの設計で、区域全体が本格的広場に改装された（2017年完成）。

右頁：自転車にやさしいニューヨークをつくる新しい戦略の一環として、最初に建設された自転車レーンのひとつが導入された9番街の整備前と整備後。ニューヨークでは、2014年までに総延長843kmの路上自転車レーンが建設された

MACAU

TOSHIBA
TDK
CHEVROLET
Panasonic
YAHOO!
THE LION KING
SOUTHPOLE
Kodak
RESCUE ME
he was
CLEAR CHANNEL
MARQUIS
WELCOME
BankofAmerica
AMERICAN EAGLE OUTFITTERS
LAKEFRONT LINES
LAKEFRONT
ONLY

ニューヨークにおける最も重要な変化のひとつは、マンハッタンだけでなく市内各地で導入された50か所の公共歩行者空間である。新しい公共空間のなかで最も目を引くのは、ブロードウェイの主要交差点から自動車を締めだしてつくられる広場であろう

左頁：2009年春のタイムズスクエア
右：2009年夏のタイムズスクエア。この改造は、世界中の多くの都市に大きな刺激を与えた。「ここでやれるなら、どこででもやれる」

ニューヨークへのヤン・ゲールの影響

ジャネット・サディク＝カーン
ブルームバーグ・アソシエーツ、
ニューヨーク市交通局長（2007〜2013）、
著書『ストリートファイト』

私の「ヤン物語」は、私がニューヨーク市交通局長に任命されてまもなく、コペンハーゲンで彼に初めて会った2007年に始まった。ブルームバーグ市長がニューヨーク市長期計画（PlaNYC）で掲げた持続可能性の行動計画は、新しい公共空間、より便利な公共交通機関、自転車レーンの早急な整備によってニューヨークの街路を改善することを謳っており、それが私の使命だった。初めてコペンハーゲンを訪問してヤンに会ったとき、私たちはサイクリングをし、彼のオフィスや歩道のカフェで、コーヒーを燃料に都市デザインについて長い会話をした。私たちは深い友情を結び、それがニューヨーク市に大きな影響を与えることになった。私は測定と調査に着手し、最後にコペンハーゲンの自転車レーンを私たちの街路に応用する方法を検討した。

ニューヨーク市民は自転車レーンに懐疑的だったと思う。まして、コペンハーゲン訪問の数ヶ月後に私たちが建設しはじめた、駐車帯の歩道側に設けるコペンハーゲン式の自転車レーンにいたってはなおさらである。人びとは、「私たちはコペンハーゲンではない。ここでは自転車レーンは機能しない」と反対した。私は、ヤンだったらこの提案をどのように説明するだろうかと考えた。それが、議論を組み立てるのに大いに役立った。いったん実現されると、こうした変化は常識のように思われ、すぐに街路景観の一部になった。

私たちは、最終的に市内の約840kmの街路に自転車レーンを設置した。それは街路上のすべての人びとの安全性を高め、毎年、数百万人の新しい自転車利用者を引きつけている。ヤンは口癖のように、私が局長だった6年間にコペンハーゲンが50年かけて達成した以上の自転車レーンを建設したと言ってくれる。もちろん、コペンハーゲンとニューヨークは同じではない。

私はヤンに、ニューヨーク市に来て名高い公共アクティビティ調査を指揮してくれるように頼んだ。それは本市にとって貴重な初体験だった。街路を診断し、問題点への対処法を見つけるためには、ヤンのように一種の科学捜査官になる必要がある。彼は、街路を走る車の数だけでなく、その街路を使う人びとの数を調べ、彼らが歩いているのか、自転車に乗っているのか、立ち止まっているのかを調べ、彼らと空間とのあいだにどのような相互作用があるのかを調べた。ヤンの調査によれば、ニューヨークの街路は釣り合いがとれていなかった。タイムズスクエアでは、一日の通過交通量の90％近くが歩行者であるにもかかわらず、彼らのための空間は11％しかなかった。ほとんどの空間が自動車に割り当てられていた。歩道で立ち止まろうものなら、群衆に押し倒されてしまったことだろう。状況があまりにひどいので、人びとは歩道の安全性を捨てて、車道を歩くほどだった。こうした深い理解に基づいて、交通局の私たちのチームは、人びとの利用実態に合わせて街路や象徴的空間の再設計に着手した。

タイムズスクエアとヘラルドスクエアでブロードウェイを車両通行止めにすると、空間が生まれ変わり、人びとはすぐに利用可能な隅々まで活用するようになった。一方、周辺街路に迂回した交通は、むしろ以前より円滑になった。そして地区の経済も改善した。地区の経済が依存していたのは、何十万もの歩行者であり、地区を通過するだけの何万台かの自動車ではない。空間の質が改善され、人びとが足を止め、違った目で街を見るようになった。これはニューヨーク市の月並みな街路にとって驚くべき偉業であり、タイムズスクエアの衝撃は、人間の街の建設が可能であることを示す証拠として世界中で喧伝された。

ヤンの眼差しは、ひとつひとつの建物、通りの隅々に隠された可能性を浮き彫りにしてくれた。私はそれを見落とされた公共空間と呼んでいる。私たちの街の物語は人びとによって成り立っている。街路の活気・経済・魅力・安全性、そしてそれが人びとに果たす役割は、基盤施設そのものと同じくらい重要である。人びとの力を引きだす街路デザインなしには、都市を有効に機能させる方法を語ることはできない。そして、ヤンを理解することもできない。

南米発祥の伝統を採用して、ニューヨークも夏季に何日か街路を歩行者専用にする企画を導入している。多くの街路や広場から自動車が締めだされ、あらゆる種類の人間活動（散策、ランニング、ダンス、遊び、安全運転の自転車）のために開放される。
上：ブルックリンの住宅地区街路
下：サマーストリートの一環として人びとの活動に開放されたマンハッタンのパークアベニュー

ロシア　モスクワ 2012〜2013

モスクワ中心部
約1:59,000

モスクワ市の環境長官アントン・クルバチェフスキーが、2011年にモントリオールで開かれた経済会議でヤンの話を聞いたことが物語の発端である。彼は、市の公共空間の質を改善する手助けを求め、ヤンとゲール・アーキテクツをモスクワに招いた。ヤンと所員たちは、2012年にサドーヴォエ環状道路内の市街地と全ロシア博覧会センター周辺地区を中心に、都心地区において公共空間／公共アクティビティ調査を行い、夏季と冬季の公共アクティビティを調べた。

調査結果は『モスクワ：偉大な人間都市をめざして』(2013) という報告書にまとめられた。そこでは、モスクワがコンパクトな都心、広い大通り、多くの美しい緑地と歴史地区など、数多くの魅力的要素に恵まれているにもかかわらず、街が「自動車で溺死しそうになっている」ことが明らかにされていた。川や運河の岸辺は潜在的魅力を持っていたが、人間のためではなく、交通と駐車のために使われていた。街の重要な場所は歩いて行くことが難しく、見つけることも困難だった。歩行者環境はきわめて不快であり、その直接の結果として、地下鉄駅のまわりを除いて、歩行者交通がほとんど存在していなかった。人びとは街を歩

モスクワ市は、2012年にゲール・アーキテクツにコンサルタントを委託した後、ヤン・ゲールの著書を3冊ロシア語で翻訳出版した。写真は出版記念行事の一場面。左から、クロスト重役アレクセイ・ドバーシン、モスクワ州環境長官アントン・クルバチェフスキー、ヤン・ゲール。右端のデンマーク大使トム・リスダール・イェンセンは、いささか当惑しているように見える

モスクワの調査は2012年に行われ、街がひどい交通問題と駐車問題に悩まされていることが明らかになった。また、視覚的環境は過剰な商業広告に苦しめられていた

駐車規制がなかったので、歩行者の横断はしばしば障害物競走になっていた

2011年12月のトヴェルスカヤ大通り。自動車が歩道上に駐車していて、歩行者には1mほどの空間しか残されていなかった。街路景観は灰色で、商業看板が見通しを妨げていた

2013年6月のトヴェルスカヤ大通り。駐車していた自動車の代わりに、ベンチとプランターが置かれている。灰色の街路景観が次第に緑化され、醜悪な看板が撤去されて、円形のクレムリン宮殿への眺望が開けた。ヤンは、それを奇跡的な転換だと言っている

くことをほとんどやめてしまい、ほんの短い移動でも地下鉄を利用していた。さらに、市内の文化施設の多くは十分に活用されておらず、見た目の質も貧弱だった［＊61］。

多くの道路や街路の空間配分は、人びとに歩く気を起こさせるものではなく、多くの歩道には歩行の妨げと障害物があふれていた。たとえば、トヴェルスカヤ大通りには100mにつき30の障害物があった。歩行者は交差点で長い時間待たなければならず、滞留を誘うような魅力もほとんどなかった。

報告書は、川辺と緑の公園を利用しやすくするとともに、主要地区における歩行者施設を根本的に改善することを提案していた。

調査が行われているあいだにも、街ではいくつかの注目すべき変化が起こっていた。変容と改善の速さは、まさしく息を呑むほどであった。目抜き通りのトヴェルスカヤは、2011年には歩道上にすき間

モスクワ市は、2016年までに目を見張るような変身を遂げた。駐車規則が導入され執行された。自動車のための街路と駐車のための場所が、人間のための街路と自動車を締めだした広場になった。クズネツキーモストの2013年（左）と2016年（右）

地下鉄の主要駅マヤコフスカヤ駅前の凱旋広場は、かつては自動車と駐車場のための広場だった。いまや自動車の姿はなく、優雅にブランコを楽しむことができる

なく駐車している車のせいで、ほとんど歩くことができなかった。しかし、2013年には歩道上の駐車が一掃され、代わりにベンチ、プランター、街路樹が歩道を彩っていた。ヤンにとって、その変容は奇跡に近いことだった。眺めを妨げていた広告板も撤去され、通りの突き当たりにクレムリン宮殿が再び姿を現した。

新しい案内地図システムは、都市改善計画の重要な一環である

横断歩道から駐車を一掃し、新しい規則を執行することによって、歩行条件が大幅に改善された。改善前後の街路風景

2016年までにモスクワで実現された最も重要な2つの改善。厳格な駐車規則が制定され、注意深く執行されている。駐輪場と自転車専用信号を含む広範な自転車施設が導入された

ヤン・ゲールについて

セルゲイ・ソビアニン、モスクワ市長
公共空間／公共アクティビティ調査、
およびヤン・ゲール＋ゲール・アーキテクツとの
協力に関する書簡からの抜粋

2012年5月、ヤンと会食するセルゲイ・ソビアニン市長

現在、都市化の領域では、質の高い環境を創造する問題が全世界の都市にとってきわめて大きな重要性を持っている。快適な社会的空間は、社会の持続可能な発展と現在および未来の世代の幸福にとって、源泉であり必要条件である。

モスクワ市政府とゲール・アーキテクツの協力は、都市環境の質を改善する効果的な取り組みの例である。これは、その規模と具体的プロジェクト内容の両面で、革命的と言うことができる。

（中略）

モスクワ市政府は、この領域でさまざまな手段を講じつつある。たとえば、自動車駐車場の規制、自動車・自転車・歩行者の領域画定、歩道と歩行者路の修理、街路ファニチュアの設置、街路照明の改善、便利な街案内システムの導入、植栽の増設、建物ファサードの修理、過剰または違法な屋外広告の撤去、看板の規制などがそれである。市内各所の街路には、歩行者ゾーン、自転車路、駐輪場が設けられつつある。

親愛なるゲール氏、市民の生活の質改善に対するあなたの献身、あらゆる市民のための安全で健康的で障害のない快適な環境開発に対するあなたの貢献に感謝します。これこそ、私たちがモスクワはかくありたいと願っているものにほかならないのです。

ゲール・アーキテクツの報告書『モスクワ――偉大な人間都市をめざして』は2013年夏に完成し、翻訳後すぐにモスクワの街頭に公共展示された

オーストラリア パース
1994、2008、2015再訪

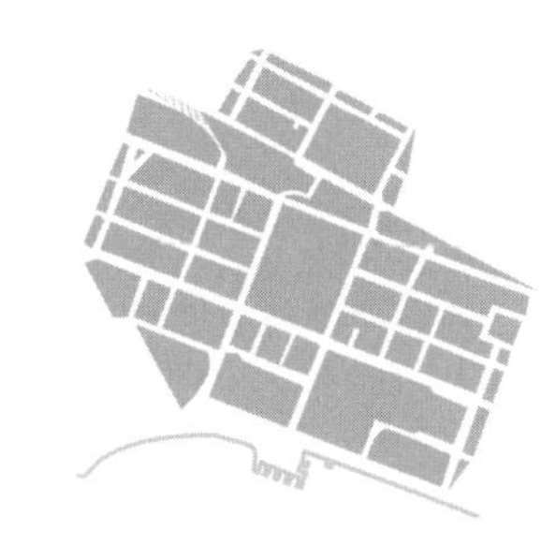

パース中心部の
1993年調査区域
約1:50,000

既に述べたように、ヤンがパースで行った公共空間／公共アクティビティ調査（調査1993年、報告書1994年）は、パース都心部における「意思決定を先導する有力な手立て」[*62]を提供した。しかし、パースをもっと人にやさしい街にするための具体的提案の多くは、報告書作成を依頼した市にとっても州政府にとっても政治的難題だった。計画の実施には両者の支持が必要だった。そして、1993年に政権が交代したため、事態がさらに複雑になっていた。

非政府組織「都市ビジョン」の強力な働きかけと、1994年にこの報告書を公表し、公開の議論を可能にした賢明な一部の政治家の働きがなかったら、パース調査は、秘匿された非公開文書として永久に日の目を見なかったかもしれない。報告書は好意的に報道され、市民の反応もきわめて良好だった。パースでは、より人間本位の都市思考に路線変更する準備が整っていたようである。1995年には提案が受け入れられ、実施されはじめた。

ヤンとゲール・アーキテクツは、追跡調査を行うため、2008年に再びパースに招かれた。その結果、人にやさしい都心づくりの点で1993年調査から一定の進展が見られたことが明らかになった。都心が以前ほど自動車中心でなくなり、街が緑豊かになり、温かみが増していた。しかし重要なのは、街がぱっとしない評判を一掃するには、まだ多くの課題を残していることが指摘された点である。

調査は、市が改善することのできるいくつかの重要領域を明らかにした。都市の核になる公共空間の創設、混合用途の推進などがその例である。パースの都心部は、依然として商業・業務活動に特化し、単一機能的だった。そのため、夜間と週末に街を利用する人の数が限られていた。土曜日の歩行者交通量は、平日の歩行者数の62%にすぎなかった。2回の調査を隔てる15年のあいだに、居住者数は増加していたが、夜間の歩行者数は数%しか増加していなかった。さらに調査では、子供・青少年・高齢者にとって適切な空間のないことが浮き彫りにされた。報告書、ヤンの公開講演会、マスコミの報道によって、市が必要としていた市民の後押しが促進され、市の進もうとしていた方向性が強化された。パース市の都市デザインチームは、この報告書によって勇気づけられ、次の5年間で街を劇的に変化させた。

パースの物語はいままさに進行中である

2015年2月、最初の公共空間／公共アクティビティ調査から約23年後、ヤンは再びパースに戻ってきた。私たちは、

パースの大きな成果のひとつは都心部の人口増加である。1991年に7,800人だった住民数が、2015年には2.1万人に達した。新しい高層建築の多くは、注意深く建物のボリュームを視覚的に分割し、足下の歩行者環境に穏やかになじませている

狭い歩道を拡幅する計画は、中心街を拡大し、人びとが歩道でさまざまな活動を繰り広げるのを促進した

彼が最初のパース調査に参加した気心の知れた先輩たちと街の変化を見てまわるのに同行することができた。

この街で起きた大きな変化（彼の仕事に大いに触発された変化）の一部をヤンが直接目にする場面に立ち会うことができたのは、きわめて感動的な経験だった。いくつかの変化は劇的なものだった。たとえば、鉄道施設で分断されていた街の2つの部分を結びつけた鉄道の地下化、街とスワン川の一体化などがその例である。それ以外の変化は、もっと控えめなものだった。たとえば、多くの一方通行街路の対面交通化、街中の歩道を拡幅し、ベンチ、カフェ、街路樹を配置する改良などがその例である。都心部の街路を対面交通化し、車の速度を抑え、歩道拡幅のスペースを生みだす計画は、ほぼ完了している。街には活気があふれ、この変化にずっと立ち会ってきた私たちでさえ目を見張るほどである。

鉄道中央駅に隣接する広場の再開発はとりわけ印象的である。広場には、新たに設計されたベンチ、小さな舞台、芸術作品が置かれ、連続した舗装が街路を横切っている。この街路は、かつて駅とのあいだを遮っていたが、いまでは歩道橋を使わないで鉄道駅に行くことができる。また、重要なのは広場にある噴水で、それが街に水をもたらし、パースが川の街であることを伝えている。

2015年9月、エリザベスキーでの大土木工事によって最後の障壁が取り除かれ、パースの中心業務地区が再びスワン川につながった。

最も顕著な変化の象徴は、中心市街地の戦略的位置を占めるパース文化センターである。このセンターは、かつて孤立した文化施設がばらばらに建つ荒涼としたモダニズムの記念碑だったが、劇的な変化を遂げ、いまや活気に満ちた興味深い場所になっている。パースの多くの重要な文化団体が、そこに本拠地を置いている（IX頁参照）。

1990年代の文化センターは、足早に通過する人を除けば、ほとんど人影のなパースでは、より多くの車をより円滑に収容するために、街全体で一方通行の街路システムを採用していた。それを改造して、歩道を拡幅し、対面通行の交通システムに転換したことは、注目すべき快挙だった。初期の段階では、路面に対面通行であることを標示し、新しい挑戦について人びとの注意を喚起した。さらに、市は『対面通行街路』というパンフレットを作成して、この変更の利点を宣伝した。その結果、明らかにパースは人間にとってより快適な街になった

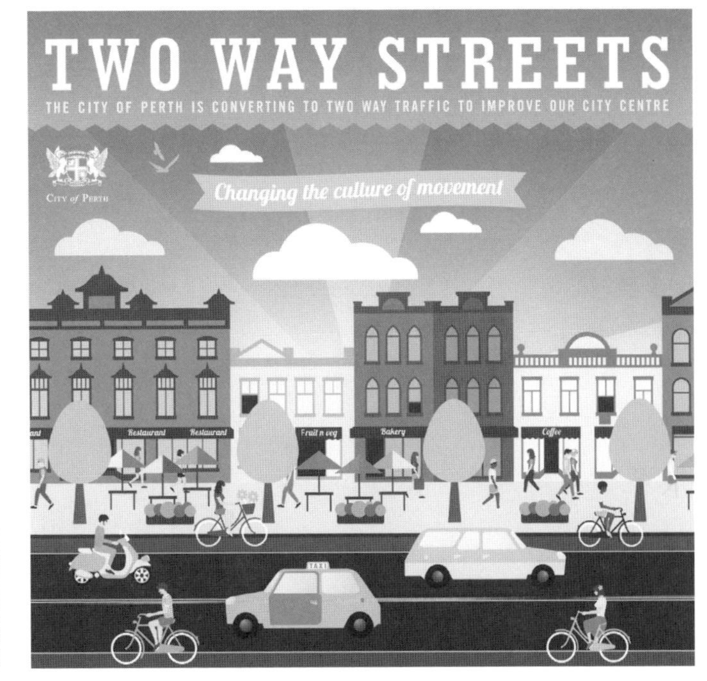

い閑散とした空間だった。そこは中心市街地の南北を結ぶ主要な連絡ルートだったが、薄気味悪い場所と見なされていた。

州都再開発局は、2004年に「(この地区に) 創造性、文化、才能ある人材を注入」[*63] するためのビジョンを打ちだした。ヤンは、この再開発に直接かかわっていたわけではないが、地元の人びとが地区について創造的かつ大胆に考えるように、またその可能性を見いだすように、長年にわたって刺激を与えつづけていた。他の都市の例と同様に、革新的な計画を遂行するためには、地元の優秀な人材と指導者が必要である。

1993年と2015年のマレーストリート。対面通行になり、歩道が広げられ、街路樹が植えられた

フォレストプレイスの中央広場は、1993年には、広場周辺と鉄道駅を結ぶ歩道橋下のぱっとしない場所だった。2015年の広場は歩道橋が撤去され、駅との結びつきが強化された。噴水では、幅広い年齢層の子供たちが水遊びに興じている

1993年、横断幕には歓迎と書かれているが、街と鉄道駅を結んでいたのは2階レベルの歩道橋であり、経路がひどく複雑だった。2015年には、それがすべて過去の話になり、広い横断歩道が列車と街を結んでいる

パースでは、2014年までの7年間で居住者が40万人増え、人口が200万人を突破した。いまでも郊外における建設が進行しているが、都市中心部では人口が1991年の約7600人から2015年には2.1万人に増加した。明らかに、いまや人びとは再び活気を取り戻した中心市街地に住むことを望んでいる（そして、彼らの存在が再生に役立ってもいる）。こうした活性化には、ヤンと彼の人間重視の都市デザインが大きな役割を果たしてきた。パースの未来はますます希望に満ちている。

1993年の空中写真を見ると、街とパースの大きな魅力であるスワン川とのあいだに隔たりがある。1994年に発表された報告書『パースの公共空間／公共アクティビティ』の最も重要な提案のひとつは、街を「歩いて」川まで行けるようにすることであった（挿入図：1994年報告書に掲載された図面）

提案されたデザインを示すポスター

2015年の河岸地区

奇跡的復活を遂げたマレーストリート・モール。2枚の写真は、同じ季節の同じような気象条件で、同じ視点から撮影したものである
上：1993年の平日午後7時
下：2015年の平日午後7時

パースにおける
ヤン・ゲールとの協働（1993）

ブレット・ウッド・ガッシュ
インサイト・アーバニズム取締役

聞き間違いではないだろうか？　ヤン・ゲール教授がパース市で調査をするように、私のボスが上役に話したのだろうか？　1992年当時、ヤン・ゲール教授はオーストラリアであまり知られておらず、しかも彼は地球の裏側に住んでいた。しかし彼は、1985年にパースで開かれた学生建築会議における講演で私たちに衝撃を与えていた。彼の講演を聴いた後、私は彼の著書『建物のあいだのアクティビティ』を読み、それが建築と都市に対する私の考え方を一変させた。

聞き間違いではなかった。数日後、パース中心部で公共空間調査を行うためにヤン・ゲールを雇おうとしていることがはっきりした。

2か月も経たないうちに、私はパースで最初の公共空間／公共アクティビティ調査の主任プロジェクト担当者として、ヤンと並んで座っていた。私は憧れの人といっしょに働き、パース市がそれに対して報酬を支払ってくれた。ヤンは電気のような存在であり、そのエネルギーと刺激に人びとが引きつけられた。数週間かけて、私たちはチームを編成し、街を調査した。早朝から深夜まで、私たちは街の構築環境を評価し、アクティビティを調査した。重点調査の合間を縫って、時には少数の信頼できる仲間と、別の機会にはヤンの提案の実施権限を持っている指導者や意思決定者と、街を隅々まで歩きまわった。

私は、ヤンがコペンハーゲンに戻って数か月のあいだ、彼が公共空間／公共アクティビティ調査の第一稿をまとめるのを手伝った。しばらくは方向性を模索する努力が必要だったが、やがてヤンの報告書の強みがはっきり見えてきた。それは、人びとが街をどのように歩きまわり、どのように利用するかということを、科学者や技術者が納得できるかたちで示していた。それは、社会計画家や経済専門家が満足できるかたちで企業・住民・学生の様態を説明していた。それは、建築家や景観デザイナーが対応できるかたちで場所のデザインについて説明していた。それは、街を人間・文化・創造・包容の場所として、人道主義者が求めるかたちで説明していた。そして何よりも、それは私たちの誰もが関心を持っているもの、つまり私たちの街とコミュニティについて誰にでもわかるように説明していた。それは、きわめて複雑なものをわかりやすく扱った明快な報告書であり、そのため、私たちの意識と行動を律する不変の存在になった。

ヤンの公共空間／公共アクティビティ調査は、いくつかの変革プロジェクトに多大な影響を与えた。彼は、街と川を結びつけることを提案していた。そのプロジェクトは、いま約20年を経て実施され、街に伝統的な環境を取り戻しつつある。それほど目立たないが同様に重要なのは、街路景観の保護・向上、オープンカフェの奨励、街中の路地再生に対する彼の影響である。街を支配していた広大なアスファルトの海を狭めて歩道を拡幅し、ベンチ、街路樹、さまざまな街路アクティビティのためのスペースを生みだすうえでも、彼の仕事が根拠と支持を与えてくれた。

2010年までに、パースはよりよい街づくりに向けて多くの努力をしてきた。それでも、街の利用方法について十分な規制緩和には至らなかった。老いも若きもパースを「退屈な街」と呼んでいた。彼らは、メルボルンの成功を例にあげた。そこでは、ヤンの協力を得て、街を魅力的なだけでなく活気に満ちた場所にしていた。結局、私たちも緩和策をとり、規則を緩め、街のあちこちで小さなバー、カフェ、イベントを行えるようにした。

ヤンは、要望に応えて報告書を最新版に更新し、私たちを元気づけ、新しい指導者や実務家と情熱を共有するために、あれ以来何度もパースを訪れている。

ヤン・ゲール教授と知り合って25年近く、彼は師であり友人であるだけでなく、私に刺激を与えつづけてくれる存在だった。私は、彼の方法論を借りて多くのセミナーで講師を務めてきた。そして、彼が私に刺激を与えたように、私の話が人びとに刺激を与えるのを目にしてきた。しかし、会議場で彼の最良の教訓を共有することは困難である。彼の真価は、知識を人びとと一対一で共有し、人びとの意見に耳を傾け、共通点を見いだし、その街独自の強みを探しだし、その人たちに合った提案を行うところにある。何よりも、彼の言葉には一貫性がある。それは、時代の流行思潮に合わせて変化したりはせず、時を超えた永続的な住みやすさを目指している。

日本の都市における公共アクティビティの成長

北原理雄
千葉大学名誉教授

私がヤン・ゲールに出会ったのは、彼の著書『建物のあいだのアクティビティ』を通じてだった。

1980年代、日本の都市は好景気に沸き、公共空間の物的整備が進んだ。しかし残念なことに、こうした空間には公共アクティビティがほとんど存在していなかった。街路にはたくさんの人がいたが、彼らはただある地点から別の地点へ通りすぎていくだけだった。公共空間を十分に活用するにはどうすればよいのか。そのような悩みを抱えていたとき、彼の本に出会った。

ゲールは、多くの生き生きした事例を使って、公共空間と公共アクティビティの関係を明快に説明してくれた。そして、私たちの公共空間に公共アクティビティを誘発するにはどうすればよいのか、多くのことを彼から学ぶことができた。

当時、日本の街路利用は法律で交通目的に限定されていた。そこで1997年に、私たちはゲールと協力して、公共アクティビティが街路に賑わいをもたらすことを実証する公開実験を行った。彼と彼の学生たちは、名古屋の都心にオープンカフェを備えたデンマーク風の「コペンハーゲン広場」を設置した。私たち日本チームは、その隣に、伝統的な縁日屋台の現代版をデザインした。これらのプロジェクトは小規模で一時的なものだったが、街路のアクティビティが街の質にとって決定的な重要性を持つことを人びとに深く印象づけることができた。

次に私は、2000年に自分の大学がある千葉市で公共アクティビティ実験を行った。それはパラソルギャラリーと名づけられたイベントで、駅前通りの歩道にパラソルが並べられ、その下で市民が手づくりの作品を展示したり音楽を演奏したりした。この催しは多くの人びとを引きつけ、ボランティアの市民と学生によって運営される秋の年中行事になっている。

この20年のあいだに、日本政府は公共空間政策を大きく転換し、公共空間の多様な利用を促進する新たな指針を打ちだした。いま日本各地の都市で、公共空間における公共アクティビティが成長しつつある。

千葉市のパラソルギャラリーは、日本で公共アクティビティ促進の目的で行われているプロジェクトのひとつである

1997年、公共アクティビティが名古屋の街に活気をもたらすことを実証するプロジェクトに参加するため、ヤン・ゲールと都市デザイン学科の学生がコペンハーゲンから招かれた。彼らが設置した「コペンハーゲン広場」には、テーブルと椅子を備えたカフェ、カールスバーグのパラソルに加えて、コペンハーゲン市から寄贈されたベンチとシティサイクルが置かれていた。プログラムには毎晩の路上演奏も含まれ、1週間の実験は大成功を収めた。デンマークのビール会社カールスバーグが提供してくれたビールも、成功に一役買っていたかもしれない

A&B Architektura & Biznes
Jan GEHL
w Krakowie
SPOTKANIE 21-X-2014
nowohuckie
centrum
kultury

7

未来に向かって

未来に向かって

ゲールの哲学は、文化を変えていく過程で間に合わせに追加できるものではなく、都市空間に関するすべての決定を導く不変の基準点である。[＊64]
——M. ロビンソン（2005）

21世紀に入り、世界中の多くの都市が、歩行者施設と公共空間の質を改善しはじめた。こうした変化の一部は、持続可能性や都市の環境負荷軽減をめざす大きな目標の一環であった。また都市計画の分野では、必要に迫られて、人間の健康への関心が高まり、計画・交通政策が公衆衛生に与える影響が重視されるようになった。

人びとによる街の使い方が変わりはじめた。特に目につくのは、自動車利用が世界的に減少し、歩きやすく、自転車を利用しやすく、公共交通を重視する社会への需要が増加したことである［＊65］。この20年、稠密で多様性に富む街、歩いて生活することのできる街でしか得られない新しい仕事と機会を求めて、人びとが都市に回帰してきた。こうした街は、知識経済における創造的交流に不可欠な出会いの空間を提供してくれる。公共空間、カフェなど、人びとの出会いと交流を促進する「第三の場所」［＊66］が競争上の優位性をもってきた。

ヤンは、50年の歳月を費やして、建築的な物の見方と都市デザインの課題に人びとを呼び戻した。彼の研究の多くは、生活様式と人口構成の変化がもたらす公共空間の利用変化に焦点をあてている。そこでは、健康と建築形態の結びつきが強まり、都市空間の人間的な質の向上が経済的利益をもたらすようになってきた。「この時期は、都市空間を利用するうえで質が重要でなかった時代から、質が決定的要因になる新しい状況への移行期だった。過去においては、街の街路や広場の状態がどうであろうと、人びとはそれを使わざるを得なかった」［＊67］。ヤンはそう指摘している。

ヤンと彼の仲間たち——ラース・ゲムスー、シア・カークネス、ブリット・セナーゴールド——は次のように問いかける。「21世紀における公共領域の目的は何だろうか？……今日、公共の場におけるアクティビティは私たちにどのような意味と機能を提供してくれているのだろうか？　都市空間に対する期待はどのように変化しているのだろうか？」［＊68］

歩きやすさの経済効果は、都市空間に対するヤンの取り組みに本質的に内在している。今日の人びとは、過去数十年と比べて、はるかに大きな移動性を持ち、間接的交流の機会が増えている。さらに、ヤンたちが言うように、「多くの人びとにとって日常生活がますます私的性格を強めつづけている状況のもとで、公共空間と公共アクティビティの役割も新しく定義しなおされている。……他の人びととの出会いは、もはや日常生活のなかで自然に起こることではなくなっている」［＊69］。歩きやすさは、いまや知識経済が生みだす高生産性の成果と深く結びついている。技術や人口構成が変化しても、着想と知識の伝達は、ほとんどが人と人との直接的交流を通じて行われつづけている。歩行とそれに伴う活気ある公共アクティビティは、大きな健康上の恩恵をもたらすとともに経済競争力の強力な推進力であることが改めて認められるようになった。歩きやすい地区は、それが人びとの生活にもたらす楽しみだけでなく、住みやすさ、持続可能性、健康への貢献によっても高く評価されている。この時期は、人間重視の都市デザインが急成長した時期でもあった（次頁の表参照）。世界各地の都市で、建築・都市計画において人にやさしいデザインが模索されるようになり、その結果、公共空間、歩行、自転車利用、人びとによる街の利用方法に焦点をあてた出版、組織、会議が増加した。プレイスメイキング（地域資源を活用した場所づくり）、タクティカル・アーバニズム（局所的・短期的プロジェクトを活用した戦略的都市計画）などに見られる最近の都市デザインの動向は、こうした転換を例証するものである。公共空間に恒久的変更を加える前に、仮設的デザインを使って人びとの空間利用を調査し、計画の是非を検証する——それを前提にした都市デザイン理論がますます力を得ている。

ヤンは、都市計画の主役を交通の流れから人間に交代させ、都市を大きく変えることに貢献した。私は、パースの物語が彼のこうした影響の最も説得力ある事

ポーランド　ルブリン 2015年「ヤン・ゲールの年」

ポーランドの都市ルブリンは、2015年を「ヤン・ゲールの年」にすることを宣言した。地元の団体、大学、NGO、市が協力して、人間の街を目指す計画に取り組んだ。2015年10月、ヤンはこの企てを祝福するためにルブリンを訪問し、すべての提案が実施されていることに感激した。多くの熱心な聴衆を前にした講演はもちろんのこと、「ヤン・ゲール・シティバイク」への試乗も思い出深い訪問の一場面だった。

人間重視の都市デザインの流れ

1950年代以前	1960年代	1970年代	1980年代
1944 ホセ・ルイ・セルト『都市計画における人間的スケール』	モダニズムへの反動 社会的変動、権利、環境運動	石油危機 環境意識の高まり	**1980** ウィリアム・H・ホワイト『小規模都市空間の社会的アクティビティ』
1953 チーム10設立	**1960** ケヴィン・リンチによる環境–行動研究『都市のイメージ』	**1970** ウィリアム・H・ホワイト「街路アクティビティ・プロジェクト」	**1981** ケヴィン・リンチ『居住環境の計画』
1956 第1回ハーバード大学都市デザイン会議	**1960** ハーバード大学大学院デザイン・都市デザイン課程	**1971** ヤン・ゲール『建物のあいだのアクティビティ』(1987英語版)	**1981** ドナルド・アップルヤード『住みよい街路』
1957 ペンシルベニア大学シビックデザイン課程	**1961** ジェイン・ジェイコブズ『アメリカ大都市の死と生』	**1972** オクスフォード・ブルックス大学連合都市デザインセンター	**1982** ジョナサン・バーネット『新しい都市デザイン』
1958 ウィリアム・H・ホワイト他『爆発するメトロポリス』	**1961** ゴードン・カレン『都市の景観』	**1975** NPO公共空間プロジェクト(PPS)設立	**1985** アラン・ジェイコブズ『街を見る』
1959 エドワード・T・ホール『沈黙のことば』	カリフォルニア大学バークリー校:新規プロジェクトの視覚的影響シミュレーション(ピーター・ボッセルマン)	**1975** クレア・C・マーカス* 『イースターヒル・ビレッジ』	**1986** クレア・C・マーカス+ウェンディ・サーキシアン『人間のための住環境デザイン』
1959 近代建築国際会議(CIAM)解散	**1964** ドナルド・アップルヤード、ケヴィン・リンチ、J・R・マイヤー『道路からの眺望』	**1977** エイモス・ラポポート『都市形態の人間的側面』	**1987** クリストファー・アレグザンダー他『まちづくりの新しい理論』
	1966 エドワード・T・ホール『かくれた次元』	**1977** クリストファー・アレグザンダー他『パタン・ランゲージ』	**1988** ウィリアム・H・ホワイト『都市という劇場』
	1969 ロバート・ソマー『人間の空間』	**1978** NPOアーバンデザイン・グループ設立	

*1975年の出版時、クレア・C・マーカスはクレア・クーパーだった。しかし、統一をはかるためにクレア・C・マーカスを使用する。

1990年代	2000年代	2010年代	

1993
ニューアーバニズム会議
プレイスメイキング理論の黎明期

1993
アラン・ジェイコブズ『すばらしい街路』

1993, 1998（第2版）
クレア・C・マーカス＋キャロライン・フランシス『人間のための屋外環境デザイン』

1996
ヤン・ゲール＋ラース・ゲムスー『公共空間／公共アクティビティ——コペンハーゲン1996』

1998
ピーター・ボッセルマン『場所の表現』

2000
ウォーク21国際歩行会議発足

2000
公共空間プロジェクト編『オープンスペースを魅力的にする』

2000
ヤン・ゲール＋ラース・ゲムスー『新しい都市空間』

健康（活動的移動）を重視した都市デザイン発足

「住みよい街」会議・世界ランキング発足

2003
マシュー・カーモナ＋ティム・ヒース・ターナー＋スティーヴ・ティースデル『公共空間／都市空間——都市デザインの次元』

2006
ヤン・ゲール他『新しい都市アクティビティ』

2006
国際歩行憲章

2010
ヤン・ゲール『人間の街』

2010
ゴールドスミス＋エリザベス編『私たちが見ているもの——ジェイン・ジェイコブズの観察を前進させる』

2012
ハンス・カーセンバーグ他編『目の高さの街』

2013, 2014, 2015
場所の未来会議

2013
ヤン・ゲール＋ビアギッテ・スヴァア『パブリックライフ学入門』

2013
リード・ユーイング＋オット・クレモント『都市デザインの計量法』

2013
北米都市交通担当者協会『都市街路デザインガイド』（車だけでなく人間のための街路に焦点をあてた街路デザイン書）

2013
ヴィクター・ドーヴァー＋ジョン・マッセンゲイル『街路デザイン——すばらしい街への秘訣』

2013
チャールズ・モンゴメリー『幸せな街——都市デザインで暮らしを変える』

2013
ジェフ・スペック『歩きやすい街——ダウンタウンがアメリカを救うには』

2014
プレイスメイキング修士第一号（プラット大学大学院都市プレイスメイキング・マネジメント課程）

2015
ナイト財団
シティチャレンジ・プログラム

2015
国連が持続可能な開発目標（SDGs）を採択
都市と公共空間に関する目標を含む

タクティカル・アーバニズム（戦術的都市計画）運動始まる

2015
マイク・ライドン＋アンソニー・ガルシア『タクティカル・アーバニズム——長期的変化のための短期的行動』

2016
第3回国連人間居住会議

2016
アニー・マタン＋ピーター・ニューマン『人間の街をめざして——ヤン・ゲールの軌跡』

例のひとつだと信じている。本書は、モダニズムの影響下にあったパースの惨憺たる物語で幕を開けた。それが、ヤン・ゲールの第1次都市調査に触発され、23年後には目を見張るような変化を達成していた。パースの2人の建築家がこの時代を回顧した2016年の新聞記事は、「超退屈都市」をわくわくする中心街に変身させるのに貢献した3人の重要人物をあげているが、そのうちの1人がヤン・ゲールだった。しかし、他の多くの都市と同様に、やるべきことが山ほど残っている。まだ、モダニズムの一枚岩の表面にかすり傷をつけたにすぎない。

それでは、私たちが前に進むとき、ヤンの思想の何を拠り所にできるだろうか？

ヤンの第一の目標は、人びとに光をあて、人びとを可視化し、人間を重視した生き生きした公共空間の重要性を強調し、人間と自動車の調和をはかることであった。都市デザイナー、そして都市にかかわる専門家や政治家にとって、人間のための街は、常に取り組むべき課題の最上位に置かれなければならない。

どのようにして？　ヤンの哲学は、この目標に対して積極的かつ体系的に取り組んできた。一貫性こそが彼の鍵だった。注意深く街を観察しなさい。街がどのように使われているか、データを収集しなさい。そして、できるだけ多くの人を巻き込んで、人びとの日常生活のために良質な公共空間を提供し、人びとに役立つ改善を推進しなさい。これは、常に専門的なデザイン実践であると同時に政治的行程でもあるので、意思伝達と相互理解が不可欠である。どのようにして意図を伝えるか——その方法がきわめて重要だった。ヤンのメッセージは常に一貫しているが、その説明は絶えず新鮮でなければならない。彼はそう信じている。「役者のように、毎回、それに全身全霊を注がなければならない」。

ヤンの手法の核心をなすのは、彼が開発してきた人間重視・都市肯定の理論である。彼は、定量的測定法と定性的表現法の開発を通じて思想を深化させ、都市デザインを政治力として活用する能力を育て、人間のためのよりよい街を望む人びとに希望を与えてきた。

ヤンの成功に秘訣があるのだろうか？彼は、世界各地で活躍しながら、常に地域社会に深く根ざしていた。彼の家族は皆近くに住み、彼は地元で熱心に活動し、堅実な暮らしを送っている。彼は、「私はいつも地表近くを飛んでいた。いつもごく普通の生活のなかにいた」と語っている。このことは、彼の理論と都市デザイン思想にはっきり反映している。それは常に、市井の人びと、彼らの行動、そして街の1階に目を向けている。

このように、人にやさしい建築と街——そこでは普通の人びとによる街の日常的利用に、デザイナーが実際に目を向け、耳を傾け、そこから学びとる——をつくるための処方箋は単純なものだが、それがヤンの秘訣であり、また彼の仕事の一部であるだけでなく、彼の生活と個性の一部でもある。

重要なのは、ヤンが自動車反対派ではないということである。彼は人間重視派なのだ。人びとのための空間をつくるために、彼は臆することなく（コペンハーゲンの例に見られるように）駐車場を少しずつ撤去し、交通を減速し、公共交通と自転車を強化することを提案している。この調和をはかるのはいつも難しいが、ヤンは、どこまで調整ができていて、どこまで調整が可能か、確かめる方法を示してくれている。結局、都市において人間のための空間を生みだすには、車のために留保されている空間を振り向ける必要があるということである。

適切に資料を集めることによって、街を使う人びとの要求にかなうデザインが可能になる。また、制度の不均衡を明らかにすることによって、人間重視の理念

1 ゲール・アーキテクツの自転車用ヘルメット（2006）

2 ニューヨークのパークデー——公共空間プロジェクトによる大がかりな一日かぎりの公園（2013）

3 特設の「ヤン・ゲール」会議室を披露するブリュッセル首都圏のパスカル・スメット都市計画大臣

4 後ろから見たヘルメット——ゲール・アーキテクツの所員は追い越しレーンを走行することになっている

5 ベネツィア建築ビエンナーレの垂れ幕（2012）

6 「人間の街！」を宣伝するチェコのファンクラブ

7 バングラデシュにおける『建物のあいだのアクティビティ』出版（2008）

8 「ルイジアナ美術館ベネツィア展」のポスター（2012）

9 中国長沙大学における何人可教授とポスター（1998）

10 ヌーク（グリーンランド）におけるポスター（2010）

11 モンテビデオ（ウルグアイ）におけるポスター（2015）

12 理念普及の準備完了——カザフ語版を手に（2016）

スクラップブック

1
2
3
4
GEHL ARCHITECTS
URBAN QUALITY CONSULTANTS
5
LOUISIANA c/o VENICE
LIFE BETWEEN BUILDINGS
6
vaše CITY!
7
9
Dr. JA
10
Byer for mennesker
8
LOUISIANA c/o VENICE
LIFE BETWEEN BUILDINGS
GEHL ARCHITECTS
11
AN GEHL
EN MONTEVIDEO
Jan Gehl
12

ヤン・ゲール思想の世界的受容

トム・ニールセン
デンマーク オーフス建築大学 都市・景観計画教授

オーフス 1995年

1990年代の初め、私が学生だったころのオーフス建築大学では、ヤン・ゲールと彼の思想は注目されるような話題ではなかった。インターネット普及以前の時代、私たちが頼りにしていたのは教授の助言、客員講師の話、小さな図書館に置かれた雑誌や本だった。わが校の教授陣は、1980年代から変わらない美学と形態の議論を展開することに没頭していた。大学には全国から著名なポスト構造主義の建築家が招かれ、興味深い断片を都市に挿入する話をしてくれた。

みごとな……しかし、利用者の世界とはかけ離れていた。

しかし当時は……

花形建築家を招いて自分の車（!）について話してもらう連続講義の最後に、まったく秀逸というべきだが、世話人のスヴェイン・トゥンサガーが、自動車と都市に関するヤン・ゲールの講義を組み込んでいた。私は図書館で『建物のあいだのアクティビティ』を目にしていたので、彼の話を聴きに行った。大学でいちばん大きな講堂にはほとんど人がいなかった。私の記憶では、ヤンと世話人を入れて5人だった。ヤンは、こうした無関心をまったく意に介さず、すばらしい講義をした。

話は飛んで 2008年のシドニー

2008年にヤンとシドニーを訪れ、ゲール・アーキテクツが委託された大がかりな都市改善プロジェクトの仕事をしたとき、彼と最初に出会った思い出との落差があまりに大きいことに感慨を覚えずにいられなかった。ヤンは、基本的に10年前のオーフスと同じことを話していたが、いまや彼の思想は、それが変革の力を持っていることを示す豊富な物証に裏打ちされていた。そして今回は、学生だけでなく、シドニー各地からやってきた市民を相手に話をしていた。講演のテーマはシドニーの将来であり、1,000人以上のシドニー市民が会場に詰めかけ、廊下にまであふれ、文字どおり照明器具にしがみつく人までいた。ヤンの講演に対する反応は圧巻だった。

再びオーフス 2015年10月

いま私は、オーフスの新交通輸送計画の公開討論会に出席している。ヤン自身はここにいないが、彼の思想は、市が提示した提案と戦略のいたるところに反映されている。一晩に幾度となく、ヤン・ゲールと彼の業績が引き合いに出されている。

ほとんど無人の教室で自動車と人間の講義をしてから20年、いまやヤンは、この場にいなくても、同じ問題でこの街の将来に大きな影響を与える存在になっている。

に政治的支援を与えることができる。ヤンも述べているように、彼が携わった都市で起こった実際の物理的変化のほとんどは、彼自身の手で実行されたものではない。彼が提供したのは、提案、ビジョン、方向性であり、何より重要なのは、手段、つまりその街における都市アクティビティの現状に関する量的・質的情報、そしてその意味を理解する理論を提供したことである。こうした貢献は、地域の都市デザイナー、都市計画家、政治家などが、明らかになった人びとの要求に応じて、物理的環境を適切に変化させるのに大いに役立った。

まだ理念を広める要求がある
（ドイツ ミュンヘン、2016）

おそらく、ヤン（と建築学院やゲール・アーキテクツの仲間たち）の最大の役割は、「人間と構築環境の相互作用を調べる定量的方法の開発と実証にあり、都市のデザインと計画にこうした人間重視の研究が必要であることを政治的に認知させた点にある」[*70]。

この公共活動に関するデータ、それに加えてヤンの類まれなコミュニケーション能力が、地域の意思決定者に力を与え、彼らの街に活気を取り戻すことを可能にしている。ヤンが提供する選択肢は、街によりよい未来をもたらす明確な道筋をはっきり示してくれる。彼は単に街を描写するだけではない。都市デザインを政治的な力として活用し、街の認識を変えつつある。彼は、街をかたちづくる既成の力に異議を唱え、街に変化をもたらし、自動車中心のデザインと開発の横溢に闘いを挑んできた。この手腕こそ、すべての街にとって必要なものである。

それに加えて、さらに希望の力がある。地域の人びとは、彼らの街で何かが間違っていることに直観的に気づいているが、それを十分に理解し、はっきり表現できないでいることが多い。ヤンの取り組みは、それに言葉を与え、記録することによって、無力感に陥っている人びとに希望を与えてくれる。他の場所での成功例を知ることによって、たいていは小規模だが、道理にかなった解決策が浮かびあがってくる。

これからの課題

「人間の次元はほぼ50年にわたって軽視されてきたが、21世紀を迎え、私たちは人間の街を再創造する緊急の必要性に目覚め、それに意欲的に取り組みつつある」[*71]。ヤン・ゲールは2010年にそう記した。

ヤンは、建築と公共空間を人間のために改善することに人生の大半を費やしてきた。彼は、理念を確立し、街の改善を支えるデザイン実践を行うために闘い、多くの美しい著作を通じてそれを生き生きと表現してきた。

さて、これから私たちはどうしたら人間のための街をつくりつづけることができるだろうか？　ヤンの手法が大きな力を持っていることははっきりしたが、次の世代の都市デザイナー、計画家、建築家にはまだ課題が残されている。

アジア、アフリカ、南米で依然としてつづいている巨大な都市成長のなかで「人間の街」の質を高めるために何をすることができるのだろうか？　彼らは、ヤン・ゲールの遺産から学び、私たちの過ちを繰り返さずにすむだろうか？

世界各地の多くの都市がモダニズムの負の遺産を抱え、それを甘受している。私たちにはすべてを解体することはできず、まだ多くの場所が交通と近代都市計画の指針に従って建設されつづけている。ヤンの業績は、退屈で生気のない場所を生き返らせるにはどうすればよいか示してくれた。私たちは、それを自分の体験を通して目にすることができた。パース文化センターを街に溶け込ませたプロジェクトは、空間に小規模な人間的尺度の要素を組み込むことによって（ヤンなら「人びとの尺度を落下傘投入する」と言うかもしれない）それを達成した好例である。それによって、それまでは広すぎて人が活動するのに適していなかった場所に、人びとが足を運び、時を過ごすようになった。しかし、多くの都市の茫漠とした無個性な郊外風景のなかでは、どうすればよいのだろうか。多く都市は、車依存の広大な郊外住宅地や索漠とした大規模ショッピングセンターを抱えている。次世代の建築家と都市デザイナーは、こうした場所を再生し、人びとと活動が集積する小さな街に生まれ変わらせねばならない。それには、自動車を優先する交通工学ではなく、利用しやすい街づくりと公共交通を重視する必要がある。これからの街には、環境に配慮した暮らし方を選び、生き生きした活気あ

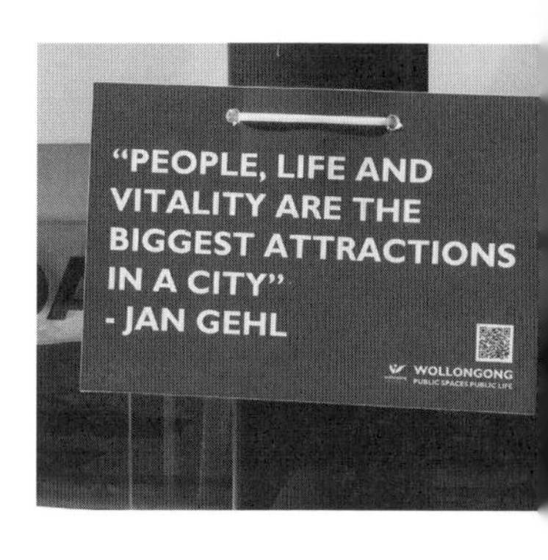

る公共空間を生みだす住民が増えてくるだろう。こうした中心街は、そのような人びとを受け入れる受け皿になることができる。

このように見てくると、課題があまりに大きすぎるように思える。しかし、ヤンが1960年代に取り組みをはじめたとき、彼の目にはどう映っていたのだろうか。当時は、公共空間の公共アクティビティを再生するという問題に取り組もうと考える都市さえほとんど存在していなかった。ヤンのやり方は、一度に一歩ずつ前進するというものだった。彼は、街の公共アクティビティと人びとの公共領域利用を研究することに人生を捧げ、明日の街が今日より少しでもよくなるように努めた。そこでは目標を絶えず前に進める必要があるが、それは容易なことではない。重要なのは、ヤンが断言しているように「けっして希望を失わない」ことである。

まとめ

ヤン・ゲールの最大の遺産は、私たちに希望を与えてくれたことである。すべての都市が交通問題を抱え、人びとが公共空間から締めだされている。すべての都市で、人間主体の公共空間を増やすことが必要とされている。そして、絶えず適切な選択肢を構想し提供することのできる専門的手腕と政治的指導力を必要としている。ヤンは、その方法を世界各地のさまざまな都市で示してくれた。その成果は、どこでもきわめて好評である。ヤンが言うように、「よい街はよいパーティに似ている。人びとは、楽しく過ごすことができるので、必要以上に長居をする」。

建築家、都市デザイナー、都市計画家には、人びとが健康的で、生産的で、持続可能で、活気ある生活を送ることのできる街をつくる大きな責任がある。ヤンとともに、私たちは常に「自分の人生をどのように使えばよいのか」と問いつづける必要がある。

モスクワでヤンが穏やかにル・コルビュジエを諭している（2016）

アルバユリア市役所（ルーマニア）の壁に書かれたヤンの言葉（2016）

HOW TO STUDY PUBLIC LIFE
Jan Gehl & Birgitte Svarre
LEVEN TUSSEN HUIZEN
PUBLIC SPACES PUBLIC LIFE
사람을 위한 도시
Jan Gehl
Vita in città
NEW CITY LIFE
ESPACIO URBANO
ŽIVOT MEZI BUDOVAMI
LIFE BETWEEN BUILDINGS
Using Public Space
Linnad inimestele
Jan Gehl
Jan Gehl Cities for people
Cities for People
Η ΖΩΗ ΑΝΑΜΕΣΑ ΣΤΑ ΚΤΗΡΙΑ
livet mellem husene
DET NYE BY
JAN GEHL & BIRGITTE SVARRE
novos espaços urban
new city spa
Life Between Buildings
ARKITEKTENS FORLAG
арналған қалалар
CUỘC SỐNG GIỮA NHỮNG CÔNG TRÌNH KIẾN TRÚC
交往与空间
公共生活

資料編

年表

私生活

1936. 9. 17	デンマーク　レネ生まれ
1961	イングリット・ゲール（旧姓ムント）と結婚
	1963–1972　環境心理学者
	1973–2010　児童心理学者・カウンセラー
1962	長女 カレン・ユリー・ゲール（2016 がん研究医）
1966	次女 アン・ソーラ・ゲール（2016 国際メディアサポート）
1968	長男 ヤコブ・ゲール（2016 エコノミスト）

経歴

1951–1954	サンクト・ヨーゲンス高等学校（コペンハーゲン）
1954–1960	デンマーク王立芸術大学建築学院（コペンハーゲン）
1960	卒業・建築家
1959	グリーンランドの植民地建築調査（デンマーク国立博物館）
1963	デルポイ聖域の実測と建築考古学調査（アテネ考古学フランス学院）
1965	イタリアとギリシアにおける公共空間利用調査（新カールスバーグ財団ローマ奨学金）
1959–1961	ヴィゴ・ムラー＝イェンセン＆ティエ・アーンフレット事務所に勤務
1961–1966	インガー＆ヨハネス・エクスナー事務所に勤務
1964–1990	建築家として独立：デンマークの村落中世教会修復（セイェロ、シェラン・オード、ソルビマグル、ウルスティッケ、アニッセ、スケウィンギ、スノーストルプ、グルルース、フェアスレーフ）
1966–2006	デンマーク王立芸術大学建築学院（コペンハーゲン）教員
1966–1971	研究員
1971–2003	教授
1976–1999	都市デザイン学科・学科長
2003–2006	公共空間研究センター教授・センター長
2000–2011	ゲール・アーキテクツ共同経営者（ヘーレ・ソールト）・所長
2011	ゲール・アーキテクツ相談役

客員教授

1972–1973 トロント大学（カナダ）
1976 メルボルン大学（オーストラリア）
1977 ウォータールー大学（カナダ）
1978 西オーストラリア大学
1978 メルボルン大学（オーストラリア）
1978 メルボルン工科大学（オーストラリア）
1978 オスロ建築大学（ノルウェイ）
1983 カリフォルニア大学バークリー校（米国）
1983 グアダラハラ大学（メキシコ）
1985 カリフォルニア大学バークリー校（米国）
1986 ドレスデン工科大学（東ドイツ）
1987 ブロツワフ大学（ポーランド）
1990 カルガリ大学（カナダ）
1991 ヘント大学、アントウェルペン大学、ディーベンベーク大学（ベルギー）
1999 コスタリカ大学（コスタリカ サンホセ）
1999 ビリニュス大学（リトアニア）
2000 ケープタウン大学（南アフリカ）
2000 ジョグジャカルタ大学（インドネシア）
2000 ケースウェスタン大学（米国クリーブランド）
2003 コスタリカ大学（コスタリカ サンホセ）

主な都市改善プロジェクト

1988年以降（ヤン・ゲール）

1988 オスロ（ノルウェイ）
1988 オーデンセ（デンマーク）
1990 ストックホルム（スウェーデン）
1994 パース（西オーストラリア）
1994 メルボルン（オーストラリア）
1996 コペンハーゲン（デンマーク）
1998 エディンバラ（スコットランド）
1999 アバディーン（スコットランド）

2000年以降（ゲール・アーキテクツ、プロジェクト・コーディネート：ヤン・ゲール）

2001 ドランメン（ノルウェイ）
2001 リガ（ラトビア）
2002 アデレード（オーストラリア）
2002 バイレ（デンマーク）
2004 ウェリントン（ニュージーランド）
2004 チューリッヒ（スイス）
2004 ロンドン（英国）
2004 メルボルン（オーストラリア）
2005 ケープタウン（南アフリカ）
2006 コペンハーゲン（デンマーク）
2007 ロッテルダム（オランダ）
2007 シドニー（オーストラリア）
2008 パース（西オーストラリア）
2009 ニューヨーク（米国）
2009 ホバート（オーストラリア）
2013 モスクワ（ロシア）

表彰・受賞

表彰

1967　イタリア共和国勲章
1967　教育・文化・芸術の功績に対するブロンズ勲章（イタリア）
2011　卓抜した芸術貢献に対するプリンス・エウシェン勲章（ノルウェイ）

名誉学位

1992　ヘリオット・ワット大学（エディンバラ）名誉博士
2015　トロント大学 名誉博士
2016　ダルハウジー大学（ハリファクス）名誉博士

名誉会員

2007　英国王立建築家協会 国際特別会員
2008　米国建築家協会 名誉会員
2009　カナダ王立建築協会 名誉会員
2010　オーストラリア都市計画協会 名誉会員
2012　デンマーク建築家協会 名誉会員
2012　スコットランド王立建築家協会 名誉会員
2014　アイルランド都市計画協会 名誉会員

展覧会

2008　第11回ベネツィア建築ビエンナーレ（イタリア）
2012　ルイジアナ近代美術館（デンマーク）
2012　第13回ベネツィア建築ビエンナーレ（イタリア）
2016　第15回ベネツィア建築ビエンナーレ（イタリア）

受賞

1993　パトリック・アバークロンビー賞——都市計画・地域開発に関する卓抜した貢献に対して（国際建築家連合）
1996　環境デザイン研究学会／プレイス研究賞（『公共空間／公共アクティビティ』に対して）
1999　ダリカリカ公共空間計画賞（スウェーデン）
2000　デンマーク舗装業組合賞
2003　オーストラリア都市計画賞（アデレード市と共同受賞）
2005　オーストラリア都市デザイン賞（メルボルン市と共同受賞）
2006　環境デザイン研究学会／プレイス研究賞（メルボルン市と共同受賞）
2007　芸術研究・教育への貢献に対するN. L. ホーエン勲章（デンマーク王立芸術大学）
2009　ニューヨーク市の街路景観・公共領域への卓抜した貢献に対する局長賞
2009　芸術・文化に対する卓抜した貢献に対するデンマーク国家賞（生涯年金）
2010　デンマーク建築家協会 リリアーネ賞
2011　環境デザイン研究学会／プレイス研究賞（『人間の街』に対して）
2012　デンマーク建築家協会 名誉勲章
2013　C. F. ハンセン勲章（デンマーク王立芸術大学）
2015　シテ建築博物館 持続可能建築国際賞（パリ）
2015　ルイス・マンフォード賞（住みよい都市国際会議）
2016　エドモンド・ベイコン賞（米国建築家協会）
2016　ベルタ＆カール・ベンツ賞（マンハイム市）

著作リスト

Mennesker i byer (People in Cities), 1966, I. Gehlと共著, *Arkitekten* 21/1966: 425-443. デンマーク語

Torve og pladser (Urban Squares), 1966, I. Gehlと共著, *Arkitekten* 16/1966: 317-329. デンマーク語

Fire italienske torve (Four Italian squares), 1966, I. Gehlと共著, *Arkitekten* 23/1966: 474-485. デンマーク語

Vore fædre i det høje! (Our fathers up above), 1967, *Havekunst* 48/1967: 136-143. デンマーク語

Mennesker til fods (People on Foot), 1968, *Arkitekten* 20/1968: 429-446. デンマーク語

En gennemgang af Albertslund (A walk through Albertslund), 1969, *Landskap* 2/1969: 33-39. デンマーク語

Livet mellem husene (Life Between Buildings), 1971, Arkitektens Forlag, Copenhagen; デンマーク語（英文要旨付）

Studier i Venedig (Studies in Venice), 1972, 調査チームと共著, *Arkitekten* 16/1972: 317-332. デンマーク語

Skandinaverne og vejret (The Scandinavians and the climate), 1976, *Landskap* 2/1976: 37-41. デンマーク語

The Interface between Public and Private Territories in Residential Areas, 1977, F. Brack & S. Thorntonと共著, University of Melbourne, Australia

Studier i Burano (Studies in Brano), 1978, 調査チームと共著, *Arkitekten* 18/1978. デンマーク語

Gågaderne der snublede… (The stumbling pedestrian streets), 1981, *Byggekunst* (Norway) 3/1981: 140-143. デンマーク語

The Residential Street Environmant, 1980, *Built Environment*, 1/1980: 51-61

Hvor by og bygning mødes (Where city and buildings meet!), 1982, Å. Bundgaard and E. Skovenと共著, *Arkitekten* 21/1982: 421-438. デンマーク語

Gågaderne i Danmark (Pedestrian streets in Denmark), 1984, L. Brandt & H. Juul-Sørensenと共著, *Arkitekten* 3/1984: 50-63. デンマーク語

Soft Edges in residential streets, 1986, *Scandinavian Housing and Planning Research*, 3/1986

Byliv 1986 (Public Life 1986), 1987, *Arkitekten* 12/1987: 285-300. デンマーク語

Life Between Buildings: Using Public Space (最初の英語版), 1987, Van Nostrand Reinhold, New York（北原理雄訳『建物のあいだのアクティビティ』鹿島出版会、2011）

Bedre byrum (Improving Urban Spaces), 1991, L. Gemzøe, B. Grønlund & S. Holmgreenと共著, Dansk Byplanlaboratorium Skrifserie n.40. デンマーク語

Jakten på den goda staden (The hunt for the good city), 1991, *Arkitektur* (Sweden) 9/1991: 28-33. スウェーデン語

Make one city and make it a good one, 1992, *Plan Canada*, May 1992: 31-34

Nyhavn–10 år efter (Nyhavn–10 years later), 1993, *Arkitekten* 4/1992. デンマーク語

Fra Strøget til Strædet–30 år med gågader i Danmark (From Strøget to Strædet–30 years of pedestrian streets in Denmark), 1993, *Arkitekten* 11/1993. デンマーク語

Public Spaces Public Life–Copenhagen, 1996, 1996, L. Gemzøeと共著, The Danish Architectural Press, Copenhagen

Byens rum i Europa–og i Nordamerika, 1962-1996 (Public Spaces in Europe and in North America, 1962-1996), 1996, L. Gemzøeと共著, *Arkitektur DK* 1/1996: 1-6. デンマーク語

Stadens form–stadens liv (City form–city life), 1997, in*Visioner av Kundskabsstaden*, Stadmiljørådert, Karlskrona, Sweden. スウェーデン語

"A Tribute to the Work of Jan Gehl and Lars Gemzøe," 1998, by Peter Bosselmann, University of California, Berkeley, USA, *PLACES*, Fall 1998

New City Spaces, 2000, L. Gemzøeと共著, The Danish Architectural Press, Copenhagen

Europas generobring (Reconquering Europe), 2002, in *Bykultur- et spørgsmål om stil*, Hovedstadens Forskønnelse, Copenhagen: 25-30

"Close Encounters with Buildings," 2004, L. Kaefer & S. Reigstadと共著, *Urban*

Design International, 2006. 11: 29-47 (初出："Nærkontakt med huse," *Arkitekten* 9/2004: 6-21)

New City Life, 2006, L. Gemzøe, S. Kirknæs & B. Søndergaardと共著, The Danish Architectural Press, Copenhagen

"Public spaces for a changing public life," 2007, in *Open Space – People Space in Topos*, Calway, Germany

"Two Perspectives on Public Spaces," 2009, A. Mattanと共著, *Building Research and Information*, 37 (1): 106-109

Cities for People, 2010, Island Press, Washington D.C.（北原理雄訳『人間の街—公共空間のデザイン—』鹿島出版会、2014）

"For You Jane," 2010, in Goldsmith & Elizabeth, ed., *What We See: Advancing the Observations of Jane Jacobs*, New Village Press, Oakland

How to Study Public Life, 2013, B. Svarreと共著, Island Press, Washington D.C.（鈴木俊治、高松誠治、武田重昭、中島直人訳『パブリックライフ学入門』鹿島出版会、2016）

記録映画

2000 "*Cities for People*" ("*Livet mellem husene*") 脚本：Lars Mortensen & Jan Gehl, 監督：Lars Mortensen. ドキュメンタリー番組, 56分, デンマーク、スウェーデン、ノルウェイ、フィンランド、アイスランドの国営テレビ局共同制作. 英語字幕

2012（出演）"*The Human Scale*" ドキュメンタリー番組, 監督：Andreas Dalsgaard

図版出典

表紙カバー：Sandra Henningsson

章扉写真：
第1章　X頁：コルドバ(アルゼンチン)の街路風景．写真：Jan Gehl
第2章　8頁：メルボルンの路地で写真を撮るヤン．写真：Anna Esbjørn
第3章　26頁：韓国での歓迎横断幕（1992年）．写真：Jan Gehl
第4章　46頁：コペンハーゲンの街路風景（コラージュ）．写真：Lars Gemzøe
第5章　70頁：中国でのサイン会（2004年）．写真：Eric Messerschmidt
第6章　102頁：オーストラリアでの街路調査（コラージュ）．写真：Gehl Architects
第7章　150頁：クラコフ（ポーランド）での著書宣伝バッグ（2015年）．写真：Jan Gehl

写真クレジット：
著者：V頁，VIII頁，IX頁下，6頁下，143頁下，144頁右下，145頁下
Sandra Henningsson：表紙カバー，3頁
City of Perth History Center Collection：4頁上，6頁上・右下
Publidc Space & Public Life, Perth 1994：5頁，6頁上・右下
Other photographers：34頁左下
City of Copenhagen (former Stadsingeniørens kontor)：48頁左
COBE Architects. Photo Rasmus Hjortshøj - COAST：62頁
Alec S. Maclean, Landslides aerial photos：65頁
POLFOTO：67頁左上
Niclas T. Følsgaard：67頁上
Joachim Adrian/ POLFOTO：67頁下
City of Sydney：79頁，122頁
Jens Rørbech：83頁左
Robert & Martina Sedlak：91頁
Mikel Murga：93頁上
Kim Dirckinck-Holmfeld：97頁
City of Melbourne：100頁右
Christine C. Finlay：107頁下
Grosvenor Estate, London：117頁中・下
Thibah Consultants, Amman：119頁下
NGO Posters, New York：126頁
DOT, Department of Transportation, City of New York：127頁，128頁，129頁，131頁
Toshio Kitahara & Keisuke Kojima, Chiba：148頁下
Astrid Eckert (photo © Astrid Eckert)：159頁

上記以外の写真：Jan Gehl, Lars Gemzøe, and Gehl Architects

new city spaces
新城市空间
间・公共生活
Jan Gehl
人性化的城市

原註

＊1　Jan Gehlの言葉．出展注記のないヤンの発言は、ヤンと著者との個人的対話による。

＊2　Jan Gehl, “Public Spaces and Public Life in Perth” (The Government of Western Australia and the City of Perthへの報告書, Perth, 1994), p.9.

＊3　同上書, p.v.

＊4　同上書, p.33.

＊5　Charles Montgomery, *Happy City: Transforming Our Lives Through Urban Design* (New York: Farrar, Straus and Giroux, 2013), p.147.

＊6　同上書

＊7　Jan Gehl and Ingrid Gehl, “Trove og pladser” (“Urban Squares”), *Arkitekten* 16(1966): pp.317-329; Jan Gehl and Ingrid Gehl, “Mennesker i byer” (“People in Cities”), *Arkitekten* 21 (1966): pp.425-443.

＊8　Charles Montgomery, *Happy City: Transforming Our Lives Through Urban Design* (New York: Farrar, Straus and Giroux, 2013), p.150.

＊9　論文 “Mennesker til fods” は *Arkitekten* 20 (1968) 所収.

＊10　Jan Gehl, *Life Between Buildings: Using Public Space* (New York: Van Nostrand Reinhold, 1971, 英語版1987), p.47.（北原理雄訳『建物のあいだのアクティビティ』鹿島出版会、2011：p.61）

＊11　Ingrid Gehl, *Bo-miljø* (København: SBi-Report 71, 1971).

＊12　Amanda Burden の講演からの引用–Katherine José（制作）のレポートによる (2010, 17/09/10). “PlaNYC guru plays West Village: Gig is sold out”, *Capital New York* (2010, 17 September), http:///www.capitalnewyork.com.

＊13　Roberta Brandes Gratz, “Introduction: Authentic Urbanism and the Jane Jacobs Legacy” in *Urban Villages and the Making of Communities*, ed. Peter Neal, (London and New York: Spon Press, 2003), p.17.

＊14　Jane Jacobs, *The Death and Life of Great American Cities* (New York: Random House, 1961, 2001 reprint ed.), p.37.（山形浩生訳『アメリカ大都市の死と生』鹿島出版会、2010：p.44）

＊15　同上書，p.110

＊16　William H. Whyte, *The Social Life of Small Urban Spaces* (Washington D.C.: The Conservation Foundation, 1980).

＊17　William H. Whyte, *City: Rediscovering the Center* (New York: Doubleday, 1988).（柿本照夫訳『都市という劇場—アメリカン・シティ・ライフの再発見—』日本経済新聞社、1994）

＊18　Edward Hall, *The Silent Language* (New York: Anchor Book Editions, 1973, 1959).（國弘正雄訳『沈黙のことば』南雲堂､1966）

＊19　Edward Hall, *The Hidden Dimension* (New York: Doubleday, 1966).（日高敏隆・佐藤信行訳『かくれた次元』みすず書房、1970）

＊20　Desmond Morris, *The Naked Ape: A Zoologist's Study of the Human Animal* (London: Jonathan Cape, 1967).（日高敏隆訳『裸のサル—動物学的人間像—』河出書房新社、1969）

＊21　Jan Gehl and Birgitte Svarre, *How to Study*

Public Life (Washington D.C.: Island Press, 2013), p.60. (鈴木俊治他訳『パブリックライフ学入門』鹿島出版会、2016：p.70)

＊22 Jan Gehl et al. *The Interface Between Public and Private Territories in Residential Areas*（ヤン・ゲールの指導でメルボルン大学建築学部の学生が行った調査）, ed. Freda Brack and Simon Thornton. (University of Melbourne, Loma Print, North Melbourne, 1977).

＊23 同上書

＊24 同上書, p.5.

＊25 同上書, p.2.

＊26 Jan Gehl and Birgitte Svarre, *How to Study Public Life* (Washington D.C.: Island Press, 2013), p.101.（鈴木俊治他訳『パブリックライフ学入門』鹿島出版会、2016：p.111）

＊27 同上書

＊28 *The Interface Between Public and Private Territories in Residential Areas* (University of Melbourne, 1977) の共著者である建築家 Simon Thornton の言葉。

＊29 Peter Newman and Jeffrey Kenworthy, *Sustainability and Cities: Overcoming Automobile Dependence* (Washington D.C.: Island Press, 1999).

＊30 同上書

＊31 同上書, p.155.

＊32 Center for Public Space Research, "Public Space – Public Life"（英文要旨付）(Copenhagen: School of Architecture, The Royal Danish Academy of Fine Arts, 2002), p.49.

＊33 同上書, p.43.

＊34 Jan Gehl, Lotte Johansen Kaefer and Solvejg Reigstad, *Close Encounters with Buildings* (Copenhagen: Center for Public Space Research / Realdania Reserch, Institute for Planning, School of Architecture, The Royal Danish Academy of Fine Arts, 2004). 初出："Nærkontakt med huse," *Arkitekten* 9 (2004).

＊35 Jan Gehl, Lars Gemzøe, Sia Kirknæs and Britt Søndergaard, *New City Life* (英訳：K. Steenhard), (Copenhagen: The Danish Architectural Press, 2006).

＊36 Center for Public Space Research, "Public Space Public Life: Four Decades of Public Space Research at Kunstakademiets Arkitektskole" (Copenhagen: School of Architecture, The Royal Danish Academy of Fine Arts), p.33.

＊37 Jan Gehl, *Life Between Buildings: Using Public Space* (New York: Van Nostrand Reinhold, 1987), p.53.（北原理雄訳『建物のあいだのアクティビティ』鹿島出版会、2011：p.72）

＊38 Jan Gehl and Birgitte Svarre, *How to Study Public Life* (Washington D.C.: Island Press, 2013), p.2.（鈴木俊治他訳『パブリックライフ学入門』鹿島出版会、2016：p.12）

＊39 同上書

＊40 Jan Gehl and Lars Gemzøe, *Public Spaces Public Life* (Copenhagen: The Danish Architectural Press, 1996), p.11.

＊41 同上書, p.40.

＊42 同上書, p.59.

＊43 City of Copenhagen, "Metropolis for People: Visions and Goals for Urban Life in

Copenhagen 2015" (Copenhagen: City of Copenhagen, 2009).

*44 City of Copenhagen, "Urban Life Account – Trends in Copenhagen's Urban Life 2013" (Copenhagen: Technical and Environmental Administration, City of Copenhagen, 2013), http://kk.sites.itera.dk/apps/kk_pub2/pdf/1258_0B5eEF1cF5.pdf

*45 Athlyn Cathcart-Keays and Tim Warin, "Story of Cities #36: How Copenhagen Rejected 1960s Modernist 'Utopia'," *The Guardian*, http://www.theguardian.com/cities/2016/may/05/story-cities-copenhagen-denmark-modernist-utopia.

*46 メルボルンは、『エコノミスト』誌の調査部門が行った世界で最も住みよい都市ランキングで、2015年に5年連続のトップになった。このランキングは140都市を対象に、医療、教育、安定度、文化、環境、生活基盤を評価したもので、メルボルンは97.5点（100点満点）を獲得した。

*47 Jan Gehl, Birgitte Bundesen Svarre and Jeff Risom, "Cities for People," *Planning News*, 37, 4 (2011): pp.6-8.

*48 Mitra Anderson-Oliver, "Cities for People: Jan Gehl," Assemble Papers, (2013), http://assemblepapers.com.au/2013/06/13/cities-for-people-jan-gehl/

*49 Robert Adams, "Reprogramming Cities for Increased Populations and Climate Change," in Esther Charlesworth and Robert Adams (ed.) *The EcoEdge: Urgent Design Challenges in Building Sustainable Cities* (Oxon and New York: Routledge), pp.30-38.

*50 Matthew Carmona, "The London Way: The Politics of London's Strategic Design," essay in David Littlefield (ed.) *London (Re)Generation*, Architectural Design special issue ed. 82:1 (2012), pp.38-39.

*51 Gehl Architects, "Towards a Fine City for People: Public Spaces and Public Life – London 2004," (Copenhagen: Gehl Architects, Report for Transport for London and Central London Partnership, 2004).

*52 同上書, p.5.

*53 Gehl Architects, "Public Spaces Public Life Sydney 2007," (Copenhgen: Gehl Architects, report prepared for the City of Sydney, 2007).

*54 New York City Department of Transportation, "World Class Streets: Remaking New York City's Public Realm," (New York: New York City Department of Transportation, 2008), p.3.

*55 同上書. 及び Peter Newman and Jeffrey Kenworthy, *The End of Automobile Dependence: How Cities are Moving Beyond Car-Based Planning* (Washington D.C.: Island Press, 2015).

*56 ニューヨークのサマーストリートは、ボゴタ（コロンビア）のシクロビアやパリ（フランス）のパリビーチをモデルにしている。このような計画は、いまではインドのデリーをはじめ世界中に普及している。

*57 The City of New York, Summer Streets, http://www.nyc.gov/html/dot/summer-streets/html/home/home.shtml.

＊58 The City of New York, Bicycling in New York City (New York City Deaprtment of Health and Mental Hygiene, 2015), http://www.nyc.gov/html/doh/html/living/phys-bike.shtml.（現在はアクセス不可）

＊59 Lisa Taddeo, “The Brightest: 15 Geniuses Who Give Us Hope: Sadik-Khan,” *Urban Reengineer Esquire* (2010) に引用されている Janette Sadik-Khan の言葉。

＊60 New York City Department of Transport, “Measuring the Street: New Metrics for 21st Century Streets,” (New York: City of New York, 2012).

＊61 Gehl Architects, “Moscow: Towards a Great City for People, Public Space Public Life 2013,” (Copenhagen: Gehl Architects, 2013).

＊62 City of Perth, City of Perth Council Meeting Minutes, 16 September, 2008 (Perth: City of Perth, 2008), p.44.

＊63 Metropolitan Redevelopment Authority, “MRA Central Perth Redevelopment Scheme,”(Perth: MRA, 2012), 21, http://assets.mra.wa.gov.au/production/2661e75f-f4441a3f09b1bb9f55e93612/central-perth-redevelopment-scheme.pdf（現在はアクセス不可）

＊64 M. Robinson, “Gehl Plans Left to Gather Dust,” The Adelaide Review, August 2005.

＊65 Peter Newman and Jeffrey Kenworthy, *The End of Automobile Dependence: How Cities are Moving Beyond Car-Based Planning* (Washington D.C.: Island Press, 2015).

＊66 Ray Oldenburg, *The Great Good Place: Cafés, Coffee Shops, Community Centers, Beauty Parlors, General Stores, Bars, Hangouts, and How They Get You Through the Day* (New York: Paragon House, 1989).（忠平美幸訳『サードプレイス―コミュニティの核になる「とびきり居心地よい場所」―』みすず書房、2013）

＊67 Jan Gehl, “Public Spaces for a Changing Public Life,” (個人的草稿, 2006).

＊68 Jan Gehl, Lars Gemzøe, Sia Kirknæs and Britt Søndergaard, “How to Revitalize a City,” Project for Public Spaces, http://www.pps.org/reference/howtorevitalizeacity/.

＊69 Jan Gehl, Lars Gemzøe, Sia Kirknæs and Britt Søndergaard, *New City Life* (英訳：K. Steenhard), (Copenhagen: The Danish Architectural Press, 2006), p.14.

＊70 Anne Matan, *Rediscovering Urban Design Through Walkability: An Assessment of the Contribution of Jan Gehl*, (Ph.D.), (Perth: Curtin University, 2011), p.328.

＊71 Jan Gehl, *Cities for People* (Washington D.C.: Island Press, 2010), p.29.（北原理雄訳『人間の街―公共空間のデザイン―』鹿島出版会、2014：p.38）

訳者あとがき

北欧の異端児から世界の先導者へ、本書は「人間の街」をめざして闘ってきたレジェンドの物語である。

本文（148頁）にも書いたように、ヤンとの出会いは『建物のあいだのアクティビティ』を通じてだった。しかし、彼とは面識がなかった。鹿島出版会から翻訳を出すことになり、連絡をとろうとしたが、サバティカルでデンマークを離れているということだった。まだインターネットが普及していない時代である。

ヤンと直接会うことができたのは1996年のことである。デンマーク王立芸術大学の学生を引率して来日するという。そこで日本の学生といっしょに墨田区向島のまち歩きを企画した。木造密集市街地の「建物のあいだの生活」に触れ、文化の差とそれを超えた空間の質を考えようという試みだった。そこから学生ぐるみの交流が始まり、以来24年、東京、千葉、名古屋、コペンハーゲン、パースとさまざまな場所で12回の交流を重ねてきた。

当時のヤンは『建物のあいだのアクティビティ』が英訳され、読者が各国に広がりつつあったとはいえ、まだモダニズムに反旗をひるがえす異端児のイメージが強く、自国での影響力も限定的だった。トム・ニールセンの伝えるエピソード（158頁）がわかりやすい。1995年にオーフス建築大学で行われたヤンの講演では、大講堂にトムを含めて3人しか聴衆がいなかったという。それほどではないが、日本の事情もそれに近かった。1996年、ヤンの来日に合わせて、日本建築学会都市計画委員会が「都市における人間的質の創造をめざして」と題した講演会を開いた。学生や若い建築家・都市デザイナーが集まり、熱心に耳を傾けたが、会場は定員80人のこぢんまりした会議室だった。

しかし、1990年代を通じて「人間の街」をめざす彼の理念は全世界に急速に浸透していった。トムによれば、2008年にシドニーで行われた講演会では1000人を超える聴衆が廊下にまであふれたという。日本でも2014年に開かれた国土交通省主催のシンポジウム「ヒューマンスケールのまちづくり」では、定員400人のホールがいっぱいになり、ホワイエのモニター前にも人だまりができた。

ヤンが大学を卒業した1960年、建築・都市計画の世界を支配していたのは機能主義を掲げるモダニストたちだった。「太陽、空間、緑」を奉じる彼らにとって、理想の都市はオープンスペースのなかに配置される高層建築でできていた。彼らの旗手ル・コルビュジエは、伝統的な街路ではカフェや休息場所が「カビ」のように歩道を蚕食していると断罪した。彼が『建築をめざして』に描いた未来都市では、街路が廃止され、自動車専用道路と公園内の歩道が交通を担っていた。

ヤンの闘いはモダニズムに異議申し立てをするところから始まった。建物のあいだの空間、とりわけ街路と広場は、人びとが出会い、くつろぎ、集い、交流する場所であり、街の生命力の源泉である。人びとがどのように街を利用しているか、それを具体的に知ることが魅力的な街を計画・デザインする第一歩である。そして『建物のあいだのアクティビティ』が生まれた。

なぜヤンは孤独な闘いを始めたのだろうか？ ひとつには伝統的な集落や教会、そこに暮らす人びとを愛してきた彼の資質がある。しかし、それ以上に大きいのが、自他ともに認める妻イングリットの影響である。心理学者であるイングリットは「なぜ建築家は人間に関心がないの？」と尋ねた。人間こそが街の主役である。ヤンは街角に立ち、人びとのアクティビティを調べはじめた。孤独な闘いではなかった。彼には心強い同志がいたのである（この物語は第2章参照）。イングリットはヤンより4歳若いが、シャープで落ち着いている。ヴァンルーセのゲール邸へ夕食に招かれたとき、少年のように目を輝かせて語りつづけるヤンを見守る彼女の笑顔が印象的だった。余談だが、庭のルバーブを使った彼女のお手製デザートが私の初ルバーブだった。

2006年に大学を退任したヤンは、ゲール・アーキテクツの仕事に専念し、世界を飛びまわっていた。しかし2011年、相談役に身を退き、経営を若手に任せてからは、事務所に出る日が減り、活動も控えめになっているようにみえた。昨年は手術をし、医者から6か月間の旅行禁止を言いわたされたという。しかし今年1月末、『人間の街』の35か国めの翻訳がミャンマーで出版されるので、その式典に向かう準備をしているところだというメールが届いた。

ヤンはこれからも「人間の街」をめざして駆けつづけるだろう。

本書は、Annie Matan & Peter Newman, *People Cities: The Life and Legacy of Jan Gehl*, の全訳である。

同じ鹿島出版会刊のヤン・ゲール著『人間の街』の原題は*Cities for People*である。それと本書はどう違うのか？ いちばんの違いは、前者が「街」に焦点をあてているのに対して、本書では「人」に焦点があたっている点だろう。『人間の街』は、人びとのアクティビティを喚起する街の条件を論じている。一方、本書は「人間の街」を実現するために力を尽くした人びと、特にヤンと彼の仲間たちの物語を通して、人間重視の街づくりの理念と実践を浮き彫りにしている。

著者のアニーは、歩きよい街づくりに深い関心を持ち、ゲール・アーキテクツの研究助手としてヤンやビアギッテ・スヴァアとともに『パブリックライフ学入門』の編集に携わり、またパースの公共空間／公共アクティビティ調査に参加した。ピーターは、1992年にヤンをパースに招き、スカンジナビア諸国以外で初めて本格的な調査と提言づくりを依頼した人物であり、政治的事情でお蔵入りしそうになった報告書を世に送りだした立役者でもある。彼らがまとめた「人間の街」をめざす闘いの記録は、人間重視の街づくりに関心を寄せる読者を勇気づけ、理念・手法・実践の各面で貴重な手引きとなるにちがいない。

なお、原書はフルカラーだが、多くの読者の手もとに届くよう、訳書はモノクロ版にした。アニー・マタンさんとピーター・ニューマンさんには、度々の質問に快く答えてくださった親切に深く感謝します。また、繁雑な編集作業を手際よくこなし、適切な助言をしていただいた鹿島出版会の渡辺奈美さんに心からお礼申し上げます。

2020年3月
北原理雄

［追記］ヤンのミャンマー行きはコロナ禍のため中止になった。パンデミック後の世界では、暮らしとコミュニティの再生が改めて「人間の街」の課題になるだろう。

著者

アニー・マタン　Annie Matan
1978年オーストラリア生まれ。サンフランシスコ州立大学地理学部、マードック大学サステナブル開発学部卒業。カーティン大学大学院修了、PhD。
西オーストラリア州都市計画委員会、ゲール・アーキテクツ等を経て、カーティン大学サステナビリティ政策研究所講師。
［著書］
『都市の思想家たち』（「ヤン・ゲール」の章担当）『アジアのグリーンアーバニズム』ほか。

ピーター・ニューマン　Peter Newman
1945年オーストラリア生まれ。デルフト大学卒業。西オーストラリア大学大学院修了、PhD。
フリーマントル市議会議員、西オーストラリア州政府顧問、マードック大学教授等を経て、カーティン大学サステナビリティ政策研究所教授。2001年オーストラリア政府センテナリーメダル、2014年オーストラリア勲章（持続可能な交通・都市デザインの功績に対して）受章。
［著書］
『都市と自動車依存性』『持続可能性と都市』『アジアのグリーンアーバニズム』『自動車依存性の終焉』『レジリエント都市』ほか。

訳者

北原理雄　きたはら・としお
1947年生まれ。東京大学工学部都市工学科卒業。同大学院修了、工学博士。名古屋大学助手、三重大学助教授、千葉大学大学院教授を経て、同大学名誉教授。
［著書・訳書］
『都市設計』『都市の個性と市民生活』『公共空間の活用と賑わいまちづくり』『生活景』（いずれも共著）、G. カレン『都市の景観』、J. ゲール『建物のあいだのアクティビティ』『人間の街』、M. カーモナほか『パブリックスペース』（いずれも鹿島出版会）ほか。

人間の街をめざして

ヤン・ゲールの軌跡

2020年7月10日　第1刷発行

著者　アニー・マタン、ピーター・ニューマン
訳者　北原理雄
発行者　坪内文生
発行所　鹿島出版会
〒104-0028　東京都中央区八重洲2-5-14
電話03-6202-5200　振替00160-2-180883

印刷・製本　壮光舎印刷
装丁　北田雄一郎

©Toshio KITAHARA 2020, Printed in Japan
ISBN 978-4-306-04678-8 C3052

落丁・乱丁本はお取り替えいたします。
本書の無断複製（コピー）は著作権法上での例外を除き禁じられています。
また、代行業者等に依頼してスキャンやデジタル化することは、たとえ個人や家庭内の利用を目的とする場合でも著作権法違反です。

本書の内容に関するご意見・ご感想は下記までお寄せ下さい。
URL: http://www.kajima-publishing.co.jp/
e-mail: info@kajima-publishing.co.jp